BestMasters

Mit „**BestMasters**" zeichnet Springer die besten Masterarbeiten aus, die an renommierten Hochschulen in Deutschland, Österreich und der Schweiz entstanden sind. Die mit Höchstnote ausgezeichneten Arbeiten wurden durch Gutachter zur Veröffentlichung empfohlen und behandeln aktuelle Themen aus unterschiedlichen Fachgebieten der Naturwissenschaften, Psychologie, Technik und Wirtschaftswissenschaften. Die Reihe wendet sich an Praktiker und Wissenschaftler gleichermaßen und soll insbesondere auch Nachwuchswissenschaftlern Orientierung geben.

Springer awards "**BestMasters**" to the best master's theses which have been completed at renowned Universities in Germany, Austria, and Switzerland. The studies received highest marks and were recommended for publication by supervisors. They address current issues from various fields of research in natural sciences, psychology, technology, and economics. The series addresses practitioners as well as scientists and, in particular, offers guidance for early stage researchers.

Weitere Bände in der Reihe http://www.springer.com/series/13198

Patrick Schürmann

Experimente zur optischen Interferenz aus dem 3D-Drucker

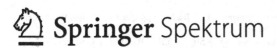

Patrick Schürmann
Westfälische Wilhelms-Universität Münster
Münster, Deutschland

ISSN 2625-3577   ISSN 2625-3615   (electronic)
BestMasters
ISBN 978-3-658-28893-8   ISBN 978-3-658-28894-5   (eBook)
https://doi.org/10.1007/978-3-658-28894-5

Die Deutsche Nationalbibliothek verzeichnet diese Publikation in der Deutschen National-bibliografie; detaillierte bibliografische Daten sind im Internet über http://dnb.d-nb.de abrufbar.

Springer Spektrum ist ein Imprint der eingetragenen Gesellschaft Springer Fachmedien Wiesbaden GmbH und ist ein Teil von Springer Nature.
Die Anschrift der Gesellschaft ist: Abraham-Lincoln-Str. 46, 65189 Wiesbaden, Germany

Danksagung

Mein Dank gilt in erster Linie zwei Personen, die mich auf verschiedenen Ebenen der Arbeit unterstützt haben. So danke ich meinem Betreuer Dr. Alexander Pusch für viele hilfreiche Ideen in Bezug auf die Strukturierung und die Gewichtung der Themenbereiche dieser Arbeit sowie insbesondere in Bezug auf die Entwicklung und Ausgestaltung der Experimente. Bei der konkreten Umsetzung des 3D-Drucks danke ich in ganz besonderem Maße Carsten Bruns, der nicht nur die Druckvorgänge durchführte, sondern auch hilfreiche Hinweise für die Konstruktionen gab. Prof. Dr. Stefan Heusler und allen anderen Mitarbeitern des Instituts danke ich für tatkräftige Unterstützung und Ideengebung im Entwicklungsprozess. Für das Korrekturlesen dieser Arbeit bedanke ich mich bei meinen Freunden Britta Schweers und Lukas Reckfort sowie meiner Schwester Pia Schürmann und meiner Mutter Andrea Schürmann.

Inhaltsverzeichnis

Abbildungsverzeichnis

6 Testung und Analyse der experimentellen Aufbauten

1 Einleitung

Das Phänomen der optischen Interferenz wird einerseits in etlichen technischen Anwendungen genutzt und ist andererseits von grundlegender Bedeutung für viele naturwissenschaftliche Experimente wie Theorien. Die wohl wichtigste technische Anwendung ist der Laser, welcher für mittlerweile unzählige Geräte in Alltag, Wirtschaft und Wissenschaft unverzichtbar ist. Auf experimenteller Ebene der Naturwissenschaften bildet Interferenz zum Beispiel die Grundlage für Interferometer, mit denen Stoffe auf Eigenschaften und Zusammensetzung hin untersucht werden können. Als Beispiel der theoretischen Ebene sind auch in der Quantenphysik viele Überlegungen ohne das Phänomen der Interferenz undenkbar.

Aufgrund dieser gesellschaftlichen Relevanz hat das Verständnis der Interferenz einen festen Platz in den Lehrplänen der Oberstufenphysik erhalten. Der konkrete experimentelle Zugang im Unterricht stellt die Lehrkräfte und Schulen jedoch häufig vor ein Problem. Viele herkömmliche Instrumente zur Durchführung der Experimente sind nur zu sehr hohen Preisen erhältlich, welche häufig das Budget des Fachbereichs überschreiten oder in einer Kosten-Nutzen-Analyse zur Ablehnung des Kaufs führen. Sollte eine Schule sich dennoch zum Kauf entscheiden, werden aufgrund des Preises gerade einmal so wenige Instrumente gekauft, dass diese Versuche nur als Demonstationsexperimente von den Lehrkräften durchzuführen sind. Diese Problemstellung vor Augen entstand die Motivation Alternativen zu entwickeln, welche einerseits verhältnismäßig günstig in der Anschaffung sind und andererseits auch Schülerinnen und Schülern die Möglichkeit geben selbst experimentell tätig zu werden.

Aus dieser Motivation konkretisierte sich folgendes Ziel der Arbeit. Es soll ein Set an optischen Instrumenten entwickelt und untersucht werden, mit denen eine Gruppe von Schülerinnen und Schülern verschiedene Experimente zur optischen Interferenz durchführen kann, wobei der Schwerpunkt der Experimente auf Interferometern liegt. Dieses Set soll durch den Einsatz eines 3D-Druckers kostengünstig für Lehrkräfte nachbaubar sein.

© Springer Fachmedien Wiesbaden GmbH, ein Teil von Springer Nature 2020
P. Schürmann, *Experimente zur optischen Interferenz aus dem 3D-Drucker*,
BestMasters, https://doi.org/10.1007/978-3-658-28894-5_1

Die Arbeit strukturiert sich daher in nachstehende Abschnitte. Zu Beginn wird die unterrichtliche Behandlung der optischen Interferenz anhand einer Analyse des Nordrhein-Westfälischen Lehrplans für die Sekundarstufe II im Fach Physik legitimiert und eingeordnet. Um nachvollziehen zu können, wie die entwickelten Experimente funktionieren, wird in Kapitel drei auf die ihnen zugrundeliegenden physikalischen Grundlagen eingegangen. Dann folgt eine kurze Einführung in die aktuelle Nutzung und das Potential des 3D-Drucks für den Physikunterricht. Im anschließenden Kapitel werden Kriterien erarbeitet, welche unter Berücksichtigung der Zielsetzung der Arbeit von den Instrumenten erfüllt werden sollen. Mit Bezug auf diese Kriterien werden die Instrumente daraufhin analysiert. Analog dazu werden im sechsten Abschnitt zunächst Kriterien für die experimentellen Aufbauten hergeleitet, dann die Experimente in der Praxis getestet und mit Rückbezug auf die Kriterien analysiert. Auf den Ergebnissen der vorangegangenen Abschnitte basierend wird im siebten Kapitel ein Vergleich zwischen den im Rahmen dieser Arbeit entwickelten Instrumenten und Experimenten mit herkömmlichen Instrumenten und Experimenten gezogen. In Abschnitt acht werden dann Möglichkeiten für den Einsatz im Unterricht erarbeitet und didaktisch analysiert. Hier wird insbesondere auf die vorteilhaften Lernmöglichkeiten und die Differenzierungsmöglichkeiten im Einsatz als Schülerexperimente eingegangen. Das Kapitel wird durch konkret ausgearbeitete Materialien für den unterrichtlichen Einsatz abgerundet. Zum Ende der Arbeit wird auf einer Zusammenfassung aufbauend ein Ausblick gegeben.

Der Zugang zu den Dateien für den eigenen Nachbau wird auf Seite 127 beschrieben.

2 Interferenz im Lehrplan

Interferenz spielt wie in der Einleitung erwähnt eine wichtige Rolle für die Physik. Inwiefern sie auch im Physikunterricht behandelt werden soll, wird nun anhand einer Lehrplananalyse veranschaulicht. Dazu wurde der *Kernlehrplan für die Sekundarstufe II Gymnasium/Gesamtschule in Nordrhein-Westfalen* herangezogen, da in der Sekundarstufe I Wellenoptik nicht behandelt wird. Aufgrund der föderalen Struktur der Bildungspolitik Deutschlands gibt es keinen bundeseinheitlichen Lehrplan, weshalb NRW als größtes Bundesland stellvertretend für die Analyse ausgewählt wurde. Aufgrund großer Überschneidungen sind die Ergebnisse der Analyse größtenteils auf andere Bundesländer übertragbar.

Der Lehrplan[1] ist kompetenzorientiert aufgebaut (MSW-NRW, 2014, S. 9). Das bedeutet, dass er gewisse *übergeordnete Kompetenzen* vorgibt, welche durch den Physikunterricht erworben werden sollen. Diese Kompetenzen gliedern sich dabei in die Bereiche *Umgang mit Fachwissen (UF), Erkenntnisgewinnung (E), Kommunikation (K)* und *Bewertung (B)*. Da der Erwerb von Kompetenzen immer an Inhalte gebunden ist, gibt der Lehrplan diese durch ausdifferenzierte *Inhaltsfelder* vor. Aus den übergeordneten Kompetenzen lassen sich dann anhand konkreter Inhalte gewisse *Kompetenzerwartungen* an die Schülerinnen und Schüler formulieren, welche zum Ende der Sekundarstufe II erfüllt sein sollen (ebd. S. 16ff.).

In diesem Kapitel wird nun zuerst abgeglichen, in welchen Inhaltsfeldern sich Experimente zur Interferenz wiederfinden und welche konkreten Kompetenzerwartungen durch diese (in Teilen) erfüllt werden können. Wie im Lehrplan selbst beschrieben, ist der Unterricht nicht allein auf das bloße Erreichen dieser fest umrissenen Erwartungen beschränkt (ebd. S. 17). Daher wird im zweiten Teil dieses Kapitels der Blick etwas weiter gefasst und analysiert, inwiefern einige der übergeordneten Kompetenzen durch Experimente zur

---

[1]Im Folgenden wird der Kernlehrplan für die Sekundarstufe II Gymnasium/Gesamtschule in Nordrhein-Westfalen abgekürzt nur als Lehrplan bezeichnet.

© Springer Fachmedien Wiesbaden GmbH, ein Teil von Springer Nature 2020
P. Schürmann, *Experimente zur optischen Interferenz aus dem 3D-Drucker*,
BestMasters, https://doi.org/10.1007/978-3-658-28894-5_2

Interferenz erworben werden können, wobei anwendungsnah auf das konkret entwickelte Set Bezug genommen wird.

2.1 Inhaltsfelder und Kompetenzerwartungen

In der Einführungsphase wird ausschließlich die Mechanik als Inhaltsfeld vorgegeben (ebd. S. 19). In der Qualifikationsphase sind je nach Kursart (Grundkurs/Leistungskurs) verschiedene Inhaltsfelder vorgegeben, in denen sich die optische Interferenz wiederfindet.

Im Grundkurs sind im Inhaltsfeld 2, *Quantenobjekte*, die meisten Anknüpfungspunkte zu finden, da ein inhaltlicher Schwerpunkt der Wellenaspekt des Photons ist (ebd. S. 30). Hier wird als möglicher Kontext die „Erforschung des Photons" genannt, woran Basiskonzepte der Wechselwirkung wie „Lichtwellenlänge, Lichtfrequenz, Huygens'sches Prinzip, Kreiswellen, ebene Wellen, Reflexion, Brechung, Beugung und Interferenz" erlernt werden sollen (ebd. S. 30). Zu diesem Inhaltsfeld findet man folgende ausformulierte Kompetenzerwartungen, welche durch die Behandlung von Experimenten zur Interferenz (in Teilen) erfüllt werden können:

> Die Schülerinnen und Schüler ...
>
> ... erläutern am Beispiel der Quantenobjekte Elektron und Photon die Bedeutung von Modellen als grundlegende Erkenntniswerkzeuge in der Physik,
>
> ... bestimmen Wellenlängen und Frequenzen von Licht mit *Doppelspalt* und *Gitter*,
>
> ... zeigen an Beispielen die Grenzen und Gültigkeitsbereiche von Wellen- und Teilchenmodellen für Licht und Elektronen auf.
>
> (ebd. S. 31)

Darüber hinaus ist noch ein weiterer Anknüpfungspunkt im Inhaltsfeld 5, *Relativität von Raum und Zeit*, zu finden. Hier wird als inhaltlicher Schwerpunkt die „Konstanz der Lichtgeschwindigkeit" genannt (ebd. S. 36). Diese kann über das Michelson-Morley-Experiment gezeigt werden, welches auf der Verwendung eines Interferometers beruht. Konkret wird dies sogar in einer Kompetenzerwartung erwähnt:

Die Schülerinnen und Schüler ...

... interpretieren das *Michelson-Morley-Experiment* als ein Indiz für die Konstanz der Lichtgeschwindigkeit.

(ebd.)

Die Inhaltsfelder des Leistungskurses sind anders gegliedert. Hier ist die Interferenz hauptsächlich in dem Inhaltsfeld 3, *Elektrik*, unter dem inhaltlichen Schwerpunkt „Elektromagnetische Schwingungen und Wellen" verortet (ebd. S. 40). Ein zu Experimenten zur Interferenz geeigneter Kontext wird zwar nicht genannt, dafür finden sich aber passende Basiskonzepte der Wechselwirkung wie „Licht und Mikrowellen – Reflexion, Brechung Beugung, Interferenz, Huygens'sches Prinzip" wieder (ebd. S. 41). In Bezug auf Kompetenzerwartungen, die durch Behandlung von Experimenten zur Interferenz (in Teilen) erfüllt werden können, lassen sich Folgende vorfinden:

Die Schülerinnen und Schüler ...

... beschreiben qualitativ die lineare Ausbreitung harmonischer Wellen als räumlich und zeitlich periodischen Vorgang,

... beschreiben die Phänomene Reflexion, Brechung, Beugung und Interferenz im Wellenmodell und begründen sie qualitativ mithilfe des Huygens'schen Prinzips,

... beschreiben die Interferenz an Doppelspalt und Gitter im Wellenmodell und leiten die entsprechenden Terme für die Lage der jeweiligen Maxima n-ter Ordnung her,

... ermitteln auf der Grundlage von Brechungs-, Beugungs- und Interferenzerscheinungen (mit Licht- und Mikrowellen) die Wellenlängen und die Lichtgeschwindigkeit,

...erläutern konstruktive und destruktive Interferenz sowie ent-
sprechende Bedingungen mithilfe geeigneter Darstellungen.

(ebd. S. 42ff)

Über dieses Inhaltsfeld hinaus finden sich Anknüpfungspunkte einerseits in
dem Inhaltsfeld 2, *Relativitätstheorie*. Analog zum Grundkurs wird auch
hier die „Konstanz der Lichtgeschwindigkeit" als inhaltlicher Schwerpunkt
genannt (ebd. S. 38). Die zugehörige Kompetenzerwartung weicht nur leicht
von der des Grundkurses ab und lautet:

Die Schülerinnen und Schüler ...

...begründen mit dem Ausgang des *Michelson-Morley-Experiments*
die Konstanz der Lichtgeschwindigkeit.

(ebd. S. 39)

Andererseits wird im Inhaltsfeld 4, *Quantenphysik*, „Licht und Elektro-
nen als Quantenobjekte" als inhaltlicher Schwerpunkt genannt (ebd. S. 44).
Im Zusammenhang mit Experimenten zur Interferenz stehen hier folgende
Kompetenzerwartungen:

Die Schülerinnen und Schüler ...

...stellen anhand geeigneter Phänomene dar, wann Licht durch
ein Wellenmodell bzw. ein Teilchenmodell beschrieben werden
kann,

...erläutern bei Quantenobjekten das Auftreten oder Verschwinden eines Interferenzmusters mit dem Begriff der Komplemen-
tarität.

(ebd. S. 45)

Zusammenfassend lässt sich also feststellen, dass sowohl im Grundkurs als
auch im Leistungskurs viele Anknüpfungspunkte für Experimente zur Interferenz vorhanden sind. Es gibt jeweils ein Inhaltsfeld, in dem sich diese

Experimente fest verankern lassen. Darüber hinaus ist eine Anwendung in mindestens einem anderen Inhaltsfeld je Kursart ebenfalls denkbar, wenn auch nicht besonders tiefgehend.

2.2 Übergeordnete Kompetenzen

Nun wird analysiert inwiefern übergeordnete Kompetenzen durch das konkret entwickelte Experimentierset gefördert werden können. Es ließe sich zu jeder im Lehrplan angegebenen Kompetenz in gewisser Weise eine Verbindung zu Experimenten zur Interferenz herstellen. Hier sollen aber nur jene Kompetenzen analysiert werden, die sich unmittelbar aus der Behandlung dieser Experimente ergeben. Um der Analyse eine sinnvolle Struktur zu geben, werden die Kompetenzen nicht nach Kompetenzbereichen gesondert betrachtet, sondern in Gruppen nach der Art und Weise gegliedert, wie sie durch den Umgang mit den Experimenten erworben werden können.

Die erste Gruppe von Kompetenzen wird allgemein durch die Durchführung von Experimenten gefördert. Da das im Rahmen dieser Arbeit entwickelte Experimentierset einen großen Umfang an sowohl qualitativen als auch quantitativen Experimenten liefert, eignet es sich durch diese Vielfalt besonders zum Erwerb folgender Kompetenzen:

Die Schülerinnen und Schüler können ...

UF1 - Wiedergabe: ... physikalische Phänomene und Zusammenhänge unter Verwendung von Theorien, übergeordneten Prinzipien/Gesetzen und Basiskonzepten beschreiben und erläutern.

E5 - Auswertung: ... Daten qualitativ und quantitativ im Hinblick auf Zusammenhänge, Regeln oder mathematisch zu formulierende Gesetzmäßigkeiten analysieren und Ergebnisse verallgemeinern.

K1 - Dokumentation: ... bei der Dokumentation von Untersuchungen, Experimenten, theoretischen Überlegungen und Problemlösungen eine korrekte Fachsprache und fachübliche Darstellungsweisen verwenden.

(ebd. S. 27f.)

Anknüpfend an diese Gruppe lässt sich auch die Kompetenz fördern, da das Planen, Durchführen und Auswerten von Experimenten einen Schwerpunkt naturwissenschaftlichen Arbeitens ausmacht und die Reflexion dessen durchaus Teil des Unterrichts ist:

Die Schülerinnen und Schüler können ...

E7 - Arbeits- und Denkweisen: ... naturwissenschaftliches Arbeiten reflektieren sowie Veränderungen im Weltbild und in Denk- und Arbeitsweisen in ihrer historischen und kulturellen Entwicklung darstellen.

(ebd. S. 28)

Zusätzlich lässt sich auch über die Ergebnisse des Michelson-Morley-Experiments eine Veränderung des physikalischen Weltbildes behandeln.

Über diese Kompetenzen hinaus, die durch jegliches Experimentieren gefördert werden können, stellen einige Experimente zur Interferenz, wie zum Beispiel die Interferometer, durch ihre Komplexität einen höheren Anspruch an die Schülerinnen und Schüler.[2] Dieser Anspruch regt besonders zur Förderung folgender wichtiger physikalischer Kompetenzen an:

Die Schülerinnen und Schüler können ...

E2 - Wahrnehmung und Messung: ... kriteriengeleitet beobachten und messen sowie auch komplexe Apparaturen für Beobachtungen und Messungen erläutern und sachgerecht verwenden.

---

[2]Eine Analyse des Anspruchs findet in Kapitel 6 statt.

E4 - Untersuchungen und Experimente: ... Experimente mit komplexen Versuchsplänen und Versuchsaufbauten, auch historisch bedeutsame Experimente, mit Bezug auf ihre Zielsetzungen erläutern und diese zielbezogen unter Beachtung fachlicher Qualitätskriterien durchführen.

(ebd. S. 28)

In der Kompetenz E4 kann wie bei E7 die Verbindung zum Michelson-Morley-Experiment noch zusätzlich als Anknüpfungspunkt gesehen werden.

Ein Verständnis der Experimente zur Interferenz ist nur möglich, wenn Schülerinnen und Schüler das Wellenmodell von Licht verinnerlicht haben. Daher regen diese Experimente, sofern ein Grundverständnis des Wellenmodells vorliegt, besonders zur Weiterentwicklung folgender Kompetenz an:

Die Schülerinnen und Schüler ...

E6 - Modelle: ... können Modelle entwickeln sowie physikalisch-technische Prozesse mithilfe von theoretischen Modellen, mathematischen Modellierungen, Gedankenexperimenten und Simulationen erklären oder vorhersagen.

(ebd. S. 28)

Ein möglicher praktischer Einsatz des Sets in Form von Gruppenarbeit wird in Kapitel 8.3 didaktisch aufbereitet. Dabei führen beispielsweise Kleingruppen von Schülerinnen und Schülern verschiedene Experimente durch und präsentieren diese einander. Abgeschlossen wird dieses Unterrichtsvorhaben möglicherweise durch eine Diskussion im Plenum. Werden die Experimente wie in Kapitel 8.3 beschrieben oder in ähnlicher Weise behandelt, regt dies eine besondere Förderung für folgende Kompetenzen an:

Die Schülerinnen und Schüler können ...

UF4 - Vernetzung: ...Zusammenhänge zwischen unterschiedlichen natürlichen bzw. technischen Vorgängen auf der Grundlage eines vernetzten physikalischen Wissens erschließen und aufzeigen.

K3 - Präsentation: ...physikalische Sachverhalte und Arbeitsergebnisse unter Verwendung situationsangemessener Medien und Darstellungsformen adressatengerecht präsentieren.

K4 - Argumentation: ...sich mit anderen über physikalische Sachverhalte und Erkenntnisse kritisch-konstruktiv austauschen und dabei Behauptungen oder Beurteilungen durch Argumente belegen bzw. widerlegen.

(ebd. S. 27ff.)

In Kapitel 8.3 wird bei der didaktischen Aufbereitung tiefer auf diese und weitere Lerngelegenheiten für gewisse Kompetenzen und Inhalte in Abhängigkeit von der unterrichtlichen Nutzung eingegangen.

Zusammenfassend kann festgehalten werden, dass durch das Experimentierset eine Vielzahl im Lehrplan vorgegebener übergeordneter Kompetenzen erworben und gefördert werden kann. In Kombination mit den inhaltlichen Anknüpfungspunkten ergibt die Analyse summa summarum, dass ein Experimentierset zur optischen Interferenz aus Sicht des Lehrplans nicht nur legitim ist, sondern darüber hinausgehende besondere Relevanz besitzt.

3 Physikalische Grundlagen

Um die mit dem entwickelten Set durchführbaren Experimente nachvollziehen und einordnen zu können, werden in diesem Kapitel die ihnen zugrundeliegenden physikalischen Phänomene und Voraussetzungen erläutert. Da der Schwerpunkt der Arbeit in der experimentellen Praxis liegt, sind ausführliche mathematische Herleitungen häufig nicht erforderlich. Stattdessen werden die Gedankengänge der Herleitungen an den konkreten Experimenten exemplarisch und anschaulich beschrieben. Für die Fälle der quantitativen Auswertungen von Experimenten wird der notwendige Formalismus selbstverständlich behandelt. Von einer physikalisch vorgebildeten Zielgruppe ausgehend werden Themenbereiche, die als bekannt vorausgesetzt werden können, nur kurz angeschnitten, um der Leserin oder dem Leser wieder ins Bewusstsein gerufen zu werden. Aspekte, die speziell auf die konkreten Experimente zugeschnitten sind, werden hingegen ausführlicher behandelt.

3.1 Interferenz und ihre Voraussetzungen

Licht ist eine elektromagnetische Welle. Für diese gilt das Superpositionsprinzip, das heißt, ihre Feldstärke lässt sich durch Linearkombinationen aus anderen Feldstärken darstellen (Pfeiler, 2017, S. 2). Umgekehrt folgt daraus, dass sich aus der Überlagerung zweier Wellen (A, B) am gleichen Ort zur gleichen Zeit durch phasengerechte Addition eine neue Welle (C) ergibt. Die beobachtbare Intensität dieser Welle ist proportional zum zeitlich gemittelten Betragsquadrat der Feldstärke. Das bedeutet, dass sich die Intensität im Allgemeinen nicht durch Addition der Intensitäten der einzelnen, sich überlagernden Wellen ergibt (ebd. S. 3). Vielmehr entsteht dazu ein weiterer, Interferenzterm genannter Summand:

$$I_C \sim |C|^2 = |A + B|^2 = |A|^2 + |B|^2 + (AB^* + A^*B).$$

© Springer Fachmedien Wiesbaden GmbH, ein Teil von Springer Nature 2020
P. Schürmann, *Experimente zur optischen Interferenz aus dem 3D-Drucker*,
BestMasters, https://doi.org/10.1007/978-3-658-28894-5_3

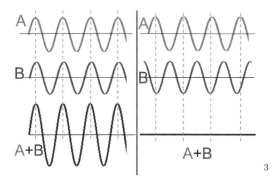

Abbildung 1: *Konstruktive und destruktive Interferenz. In Phase befindliche Wellen (links, $\Delta\phi = 0$) interferieren konstruktiv; gegenphasige Wellen (rechts, $\Delta\phi = \pi$) destruktiv.*

Sind die einzelnen Wellen ohne feste Phasenbeziehung (inkohärent), so mittelt sich der Interferenzterm über die Zeit weg und es gilt tatsächlich $I_C = I_A + I_B$ (ausführliche Erklärung in Pfeiler, 2017, S. 7ff). In diesem häufig auftretenden Fall wird die gegenseitige Beeinflussung der Wellen, die **Interferenz**, also gar nicht sichtbar.

Für das Verständnis der Interferenz wird nun der Spezialfall betrachtet, dass die einzelnen Wellen eine feste Wellenlänge (**monochromatisch**) und eine feste Phasenbeziehung $\Delta\phi$ zueinander (**Kohärenz**) besitzen. In diesem Fall wird die Wirkung des Interferenzterms sichtbar (vgl. Abb. 1). Nicht zwingend notwendig, aber besonders anschaulich ist der noch speziellere Fall, dass beide Wellen die gleiche Amplitude $B = A$ besitzen. Sind beide Wellen genau in Phase ($\Delta\phi = 0$), so folgt daraus die neue Amplitude $2A$ und eine vierfache Intensität ($I_C = 4I_A \sim |2A|^2$), welche ein Maximum darstellt. Dies nennt man **konstruktive Interferenz**. Im Falle gegenphasiger Wellen mit $\Delta\phi = \pi$ heben sie sich gegenseitig auf, die Intensität liegt bei null. Dieses Minimum ist die Folge **destruktiver Interferenz**. Für alle anderen

---

[3]http://slideplayer.com/slide/9369775/28/images/14/Constructive+Interference +Destructive+Interference+A+A+B+B+A+B+A+B.jpg, Abruf 09.02.2019, 08:19.

Abbildung 2: *Veranschaulichung zeitlicher und räumlicher Kohärenz im eindimensionalen Fall. Links: Vollständig kohärente Welle. Mitte: Die Welle befindet sich entlang der Raumachse stets in gleicher Phase (räumliche Kohärenz), jedoch unterliegt sie entlang der Zeitachse unregelmäßigen Phasenbeziehungen. Rechts: Entlang der Zeitachse pflanzt sich die Welle in jedem Raumpunkt periodisch fort (zeitliche Kohärenz), entlang der Raumachse unterliegt sie jedoch Sprüngen.*

Werte von $\Delta\phi$ bewegt sich die resultierende Intensität stetig zwischen diesen beiden Extrema:

$$I_C = 2I_A \cdot (1 + \cos\Delta\phi) \tag{1}$$

(ebd. S. 10). Unter passenden Umständen (monochromatische, kohärente Wellen) kann sich also die Interferenz und damit die Wellennatur des Lichts bemerkbar machen. Ziel dieser Arbeit ist es daher unter anderem, solche Umstände in experimentellen Aufbauten herbeizuführen, um Schülerinnen und Schülern das Phänomen der Interferenz nahezubringen.

Als Quelle, die monochromatisches, kohärentes Licht liefert, eignet sich der Laser besonders gut. Er besitzt einerseits eine äußerst geringe Frequenzbandbreite und hält diese Welle über einen verhältnismäßig langen Zeitraum (**zeitliche Kohärenz**) (Hecht, 2014, S. 970). Andererseits ist Laserlicht auch **räumlich kohärent**, was bedeutet, dass die Punkte gleicher Entfernung von der Quelle in Phase sind (vgl. Abb. 2) (ebd.).

Eine letzte wichtige Komponente für Interferenz wurde aber noch nicht beachtet. Bisher wurde von linear polarisierten Wellen ausgegangen. Interferenz lässt sich aber auch auf Licht in beliebigen Polarisationszuständen

---

[4]http://deacademic.com/pictures/dewiki/75/Koh\%C3\%A4renz_r_z.png, Abruf 09.02.2019, 08:56.

übertragen (ebd. S. 638f.). Da sich die Polarisation durch zwei orthogonale
Vektoren beschreiben lässt (parallel und senkrecht zur durch die Ausbreitungsvektoren aufgespannten Ebene), genügt es die jeweils parallelen Vektoren der einzelnen Wellen in Bezug auf Interferenz zu betrachten (ebd.).[5] In
den folgenden Experimenten findet keine unterschiedliche Polarisation der
interferierenden Wellen statt, weshalb es genügt die Interferenz ausschließlich skalar zu betrachten.

3.2 Interferometer

Eine technische Umsetzung zwei monochromatische, kohärente Wellen zu erzeugen, besteht darin, die Amplitude eines Lasers durch einen halbdurchlässigen Spiegel (Strahlteiler) aufzuteilen. Die folgenden Versuche basieren auf
diesem Prinzip und werden daher Interferometer mit Amplitudenaufspaltung genannt.

3.2.1 Michelson-Interferometer

Als bekanntestes Interferometer ist das Michelson-Interferometer zu nennen.
In diesem wird der Laserstrahl in ein und demselben Strahlteiler aufgespalten und wieder vereinigt (vgl. Abb. 3). Durch unterschiedliche Weglängen
der Teilstrahlen ($\Delta x = 2S_2 - 2S_1$) entsteht in Abhängigkeit von der Wellenlänge des verwendeten Lasers ein Phasenunterschied

$$\Delta\phi = \frac{2\pi}{\lambda}\Delta x \qquad (2)$$

(Pfeiler, 2017, S. 13), wobei vereinfacht davon ausgegangen wird, dass sich
die Welle im Vakuum fortpflanzt, da der Brechungsindex von Luft nahe dem

---

[5]Im allgemeinen Fall sind die zur Bezugsebene parallelen Vektoren nicht zueinander
parallel. Da im Rahmen der Masterarbeit jedoch nur Interferenzphänomene betrachtet
werden, bei denen die Ausbreitungsvektoren nahezu parallel sind, kann auch für die
zur Bezugsebenen parallelen Vektoren von gegenseitiger Parallelität ausgegangen werden
(ebd.).

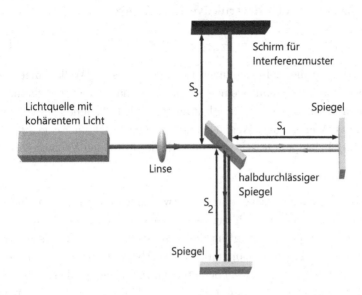

Schirm für
Interferenzmuster

S_3

Lichtquelle mit
kohärentem Licht

Spiegel

S_1

Linse

halbdurchlässiger
Spiegel

S_2

Spiegel

6

Abbildung 3: *Schematischer Aufbau des Michelson-Interferometers. Der Laser-strahl wird am halbdurchlässigen Spiegel im Verhältnis 50:50 aufgespalten. Der eine Teil des Strahls wird transmittiert (grün), legt den Weg $2S_1$ zurück und trifft wieder auf den Strahlteiler. Der reflektierte Teil (blau) legt den Weg $2S_2$ zurück, bis er wieder auf den Strahlteiler trifft. An diesem werden beide Teilstrahlen wieder je zu einem Teil reflektiert und transmittiert. Auf dem Schirm interferieren dann der vom grünen Strahl reflektierte Anteil und der vom blauen Strahl transmittierte. Die jeweils anderen Anteile werden zurück in die Quelle geworfen. Die Funktion der aufweitenden Linse wird in Abbildung 4 erläutert.*

des Vakuums liegt. **Konstruktive Interferenz** tritt, wie oben dargestellt, für Vielfache von 2π auf, woraus für die Weglängendifferenz

$$\Delta x = n\lambda, \quad n \in \mathbb{Z} \tag{3}$$

[6]Haverkamp, N. (2018): Entwicklung eines Michelson-Interferometers aus Lego-Bausteinen für die Durchführung qualitativer und quantitativer Experimente. Bachelorarbeit am Institut für Didaktik der Physik, Westfälische Wilhelms-Universität Münster.

folgt. Analog lässt sich für **destruktive Interferenz**

$$\Delta x = \frac{2n+1}{2}\lambda, \quad n \in \mathbb{Z} \tag{4}$$

herleiten. Anhand dieser Beziehungen kann einerseits die Wellenlänge des Lasers über eine Verschiebung eines Spiegels und das Zählen der dadurch auftretenden Maxima oder Minima bestimmt werden. Andererseits können bei bekannter Wellenlänge Weglängenänderungen sehr präzise gemessen werden. Diese Prinzipien lassen sich auf viele der folgenden Versuche übertragen.

Um die Interferenz gut sichtbar zu machen, wird in den meisten Experimenten noch eine Linse in den Strahlengang eingebracht, welche den Strahl aufweitet und zu den typischen **ringförmigen Mustern** führt. Wie das Muster aus der Aufweitung entsteht, kann anhand von Abbildung 4 verstanden werden. Bei fester Position der Spiegel behalten die virtuellen Quellen S_1 und S_2 ebenfalls ihre Positionen und es werden die Punkte der Interferenz auf dem Schirm $P(\theta)$ in Abhängigkeit vom Winkel θ betrachtet. Da durch die Aufweitung nur kleine Winkel θ entstehen, kann die Abhängigkeit näherungsweise auch auf den radialen Abstand r des Punktes P vom Zentrum übertragen werden. Liegt P im Zentrum ($\theta = 0$), beträgt die Weglängendifferenz genau $\Delta x = 2d$. Betrachten wir nun Punkte, die weiter vom Zentrum entfernt sind, so wird klar, dass die Weglängendifferenz durch $\Delta x = \overline{S_2 B} \leq 2d$ bestimmt wird und mit zunehmendem Winkel θ abnimmt. Für kleine Winkel θ und kleine Differenzen d im Vergleich zum gesamten Lichtweg können wir näherungsweise annehmen, dass die Teilstrahlen parallel verlaufen. Daraus folgt, dass in B ein rechter Winkel vorliegt und der Winkel bei S_2 θ entspricht, was die mathematische Beschreibung sehr vereinfacht. Die Weglängendifferenz lässt sich nun über den Kosinus bestimmen zu

$$\Delta x = 2d\cos\theta. \tag{5}$$

Es soll nun zur Anschauung ein Beispiel betrachtet werden, in dem $d = 100\lambda$ beträgt, was bei einem roten Laser mit $\lambda = 650\,\text{nm}$ einer sehr geringen Abweichung von nur 0,065 mm entspricht. Daraus folgt mit Formel 3, dass

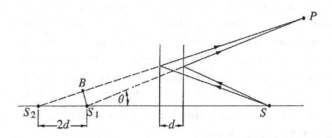

7

Abbildung 4: *Verlauf der durch Aufweitung verursachten Strahlengänge. Zur Vereinfachung sind die beiden Arme des Interferometers in einer Dimension dargestellt. S bezeichnet die Position der Linse; die beiden vertikalen Linien stellen die Spiegel dar, wobei sich die Länge der Arme um d unterscheidet; P entspricht dem Punkt der Interferenz auf dem Schirm; S_1 sowie S_2 stellen die durch die Spiegelung entstandenen virtuellen Quellen dar; B liegt in gleicher Entfernung von P wie S_1.*

im Zentrum für $P(0)$ ein Maximum vorliegt, denn

$$n\lambda = 100\lambda \cos(0) = 100\lambda$$

ist für $n = 100$ erfüllt. Interessant ist jetzt zu betrachten, wie weit das nächste Maximum auf dem Schirm entfernt ist. Da der Kosinus mit zunehmendem Winkel $\theta > 0$ abnimmt, suchen wir eine Lösung für $n = 99$:

$$99\lambda = 100\lambda \cos \theta_1$$

$$\Rightarrow \theta_1 = \arccos\left(\frac{99}{100}\right) \approx 8,1°.$$

Da die Aufweitung durch die Linse nur einige Grad beträgt, besteht das gesamte Muster in diesem Beispiel nur aus dem Maximum im Zentrum und eventuell noch aus einem weiteren Ring. Die Ausdehnung der Ringe ist also sehr groß.

---

[7]Hecht, 2014, S. 670.

Im Vergleich mit einem weiteren Beispiel wird nun deutlich, wie die Breite der Ringe und damit das Erscheinungsbild des Musters von der Differenzlänge der Interferometer-Arme abhängt. Dazu wird nun $d = 10.000\lambda$ gewählt, was bei einem roten Laser dann einer Differenz von $6,5\,\text{mm}$ entspricht. Auch hier liegt ein Maximum im Zentrum vor und das nächste Maximum lässt sich nach gleicher Methode für einen Winkel von $\theta_1 \approx 0,81°$ finden. Es wird also ersichtlich, dass **mit zunehmender Weglängendifferenz das Muster immer feiner wird**.

Die Breite der Ringe hängt aber auch von ihrer Entfernung vom Zentrum ab. Dies wird erkennbar, wenn man die Winkel weiterer Maxima bestimmt: $\theta_2 = 1,15°$, $\theta_3 = 1,40°$, $\theta_4 = 1,62°$, $\theta_5 = 1,81°$. **Das Muster wird also vom Zentrum nach außen hin immer feiner.**

Es gibt auch die Möglichkeit, die Linse hinter dem Strahlteiler zu positionieren, sodass lediglich das eigentliche Muster vergrößert wird. Die Theorie zu dem Muster ist die gleiche wie die gerade vorgestellte, da der Laserstrahl selbst minimal aufgeweitet ist und somit alle Überlegungen übertragbar sind. Es muss nur bedacht werden, dass durch die kleine Aufweitung die Extrema im später vergrößerten Muster eine sehr große Ausdehnung haben.

Nach den oben behandelten quantitativen Einflüssen auf das Interferenzmuster, gibt es auch zwei wichtige Faktoren, die sich auf die Qualität des Musters negativ auswirken können. Es kann eine sehr große Weglängendifferenz die Kohärenzlänge des Lasers überschreiten, sodass die vorausgesetzte feste Phasenbeziehung der interferierenden Wellen verloren geht, wodurch das Muster mit zunehmender Differenz schwächer erkennbar wird. Ein anderer Einflussfaktor ist die **Parallelität der Strahlen**. Wie im vorherigen Kapitel erläutert, führen Abweichungen von der Parallelität dazu, dass die zur Bezugsebene parallelen Anteile der Wellen nicht mehr parallel zueinander sind. Dadurch gelten die oben skalar hergeleiteten Überlegungen für konstruktive und destruktive Interferenz nicht mehr uneingeschränkt. Die realen Intensitäten weichen daher bei kleinen Abweichungen von der Paralellität leicht von den erwarteten Intensitäten ab, wodurch die Intensität bei einem Minimum beispielsweise nicht mehr nahe null liegt und das Muster in seiner Klarheit abnimmt.

Da die Spiegelfolie auf dem Strahlteiler auf einer Seite des Glases angebracht ist, nimmt ein Teilstrahl zur Reflexion noch einen zusätzlichen Weg durch das Glas (Hecht, 2014, S. 662). Dieser Aspekt spielt bei bei manchen Untersuchungen mit dem Michelson-Interferometer eine Rolle und kann durch eine Kompensatorplatte ausgeglichen werden, in dieser Arbeit ist der Effekt unerheblich und wird daher nicht genauer ausgeführt. Ausführlicheres dazu ist in Hecht (2014) auf den Seiten 662f. nachzulesen.

Mit dem Aufbau des Michelson-Interferometers wurde auch der historisch bedeutsame Versuch zum Lichtäther von Michelson und Morley durchgeführt. Im unterrichtlichen Einsatz sollte bei der Behandlung des Michelson-Interferometers auf jeden Fall auf dieses Experiment eingegangen werden. Da es für diese Arbeit jedoch keine konkret experimentelle Rolle spielt, wird zur genaueren Erläuterung dieses Versuchs auf Demtröder (2013) S. 308ff. verwiesen, in dem eine sehr ausführliche und anschauliche Erklärung dargeboten ist. Eine aktuelle Verwendung findet das Michelson-Interferometer in leicht abgewandelter Form als Twyman-Green-Interferometer, welches zu den effektivsten Prüfwerkzeugen der Optik zählt (Hecht, 2014, S. 704f.).

Die anhand des Michelson-Interferometers hergeleiteten Ideen zum Auftreten der Extrema in Abhängigkeit vom Gangunterschied, zur Entstehung des ringförmigen Musters und zur Qualiätsminderung dessen lassen sich auf viele der folgenden Experimente übertragen und werden nicht erneut in Bezug auf den konkreten Aufbau hergeleitet.

3.2.2   Mach-Zehnder-Interferometer

Ein weiteres, auf Amplitudenaufspaltung basierendes Interferometer stellt das Mach-Zehnder-Interferometer dar (vgl. Abb. 5). Im Gegensatz zum

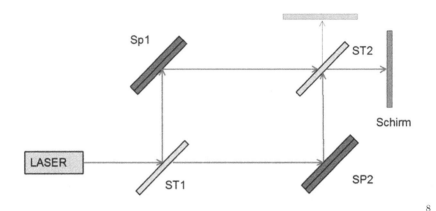

8

Abbildung 5: *Schematischer Aufbau des Mach-Zehnder-Interferometers. Der La-*
serstrahl wird an ST1 aufgespalten; die Teilstrahlen werden von den Spiegeln SP1
und SP2 um 90° abgelenkt und treffen am zweiten Strahlteiler ST2 wieder auf-
einander. Auf dem Schirm erscheint dann ein Interferenzmuster von Teilstrahlen,
die je einmal transmittiert und einmal reflektiert wurden. Ein zweites Muster ent-
steht rechtwinklig dazu, wobei hier der eine Teilstrahl zweifach an den Strahlteilern
reflektiert, der andere zweifach transmittiert wurde.

Michelson-Interferometer wird der Laser nicht in ein und demselben Strahlteiler geteilt und wieder zusammengeführt; hierfür stehen zwei getrennte
Strahlteiler zur Verfügung. Der rechteckige Aufbau führt dazu, dass theoretisch beide Wege genau dieselbe Länge besitzen, also auf dem Schirm auch
nach Aufweitung einzig ein großer heller Fleck zu sehen sein sollte. In der
schulischen Praxis wird der Aufbau jedoch leichte Abweichungen vom idealen Rechteck haben, sodass eine kleine Weglängendifferenz besteht und ein
ringförmiges Muster wie beim Michelson-Interferometer entsteht. Die Abweichungen vom idealen Rechteck führen aber dazu, dass die Strahlen hinter
dem zweiten Strahlteiler nicht mehr genau parallel zueinander verlaufen.
Wie oben erläutert, folgt damit, dass die Schärfe des Musters abnimmt,
also Maxima und Minima mit zunehmender Abweichung immer mehr ver-
schwimmen. Um ein klar zu erkennendes Muster zu erhalten, ist also eine

---

[8]http://www.rbg-g.de/Facher/Physik/body_physik.html Abruf am 10.02.2019, 12:43.

extrem hohe Genauigkeit einzuhalten. Diese Genauigkeit führt zu nur kleinen Weglängendifferenzen, weshalb die Ringe nach obigen Betrachtungen eine große Ausdehnung haben. Zusammenfassend ist es also nur möglich, ein Muster mit großen Ringen im Zentrum zu erhalten. Sehr feine Muster sind aufgrund der Qualitätseinbußen nicht erkennbar.

Ein weiterer Unterschied zum Michelson-Interferometer besteht darin, dass das Muster auch auf einem zweiten Schirm betrachtet werden kann. Das dort entstehende Muster ist genau um eine Phase von $\Delta\phi = \pi$ zum anderen Muster verschoben, sodass ein Maximum im Zentrum des einen Musters einem Minimum im Zentrum des anderen gegenübersteht. Um dies zu verstehen, muss ein bisher vernachlässigbarer Punkt betrachtet werden: die **Phasenverschiebung bei Reflexion**.

Reflexionen können sowohl beim Übergang von einem optisch dünneren Medium zu einem optisch dichteren Medium (**äußere Reflexion**) als auch umgekehrt (**innere Reflexion**) auftreten. Die weit verbreitete Annahme, bei erstgenanntem Fall trete ein Phasensprung um $\Delta\phi = \pi$ auf, bei letzterem nicht, ist im Allgemeinen falsch (Hecht, 2014, S. 201f.). Diese Aussage stimmt nur für den Spezialfall, dass die Reflexion senkrecht zur Grenzfläche ($\alpha = 0$) stattfindet (ebd.). Um eine Aussage für Winkel $\alpha > 0$ zu treffen, müssen die zur Einfallsebene senkrechten und parallelen Komponenten der Welle getrennt betrachtet werden. In Abbildung 6 sind die jeweiligen Phasenverschiebungen in Abhängigkeit vom Einfallswinkel für beide Komponenten in beiden Fällen der Reflexion aufgetragen. Im Falle der Transmission bleibt die Phase immer unverändert.

Nun kann der konkrete Fall des Mach-Zehnder-Interferometers analysiert werden. Wie im vorherigen Abschnitt beschrieben, wirkt eine Seite des halbdurchlässigen Spiegels als Strahlteiler. Die Strahlteiler sind im Interferometer so angeordnet, dass die Reflexionen beider Teilstrahlen jeweils an der Außenseite des Strahlteilers geschehen (in Bezug auf Abbildung 5 heißt das, die reflektierende Schicht von *ST*1 befindet sich links oben, die von *ST*2 rechts unten). Beide Teilstrahlen werden je einmal an einem Spiegel und an

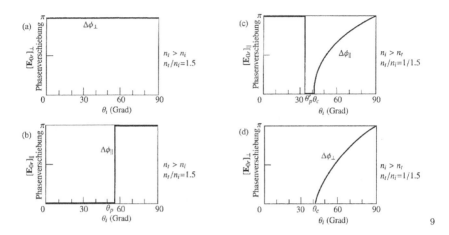

Abbildung 6: *Phasenverschiebung bei Reflexion in Abhängigkeit vom Winkel zum Lot. a: Zur Einfallsebene senkrechter Anteil bei äußerer Reflexion. b: Paralleler Anteil bei äußerer Reflexion. c: Paralleler Anteil bei innerer Reflexion. d: Senkrechter Anteil bei innerer Reflexion.*

einem Strahlteiler im Winkel von 45° reflektiert (äußere Reflexion). Aus Abbildung 6 kann man entnehmen, dass für beide Teilstrahlen der senkrechte Vektor zweimal eine Phasenverschiebung von $\Delta\phi = \pi$ erfährt und der parallele Vektor unverändert bleibt. In Summe gleichen sich die Änderungen also komplett aus.

Für den Strahl, der auf den anderen Schirm trifft, sieht die Situation anders aus. Der Teilstrahl, der an $SP2$ reflektiert wird, erhält in Summe eine Phasenverschiebung von $\Delta\phi = \pi$ im senkrechten Vektor. Der andere Teilstrahl wird zunächst wie oben zweifach reflektiert, erfährt bis zu $ST2$ also keine effektive Änderung. An diesem Strahlteiler wird er jedoch an der Rückseite reflektiert (innere Reflexion). Durch die vorherige Brechung beträgt sein Einfallswinkel $\alpha \approx 28°$. Mithilfe von Abbildung 6 stellt man fest, dass hier die parallele Komponente eine Phasenverschiebung von $\Delta\phi = \pi$ erfährt, die senkrechte hingegen nicht. Im Vergleich beider Teilstrahlen zeigt sich

---

[9] Hecht, 2014, S. 203.

nun eine *relative* Phasenverschiebung von je $\Delta\phi = \pi$ pro Vektor, was in Übertragung auf die skalare Betrachtung einer relativen Phasenverschiebung von $\Delta\phi = \pi$ im Gesamten entspricht. Auf beiden Schirmen entstehen folglich Muster, die in ihrer Phase um genau $\Delta\phi = \pi$ versetzt sind.

Auf die Phasenverschiebung wird zur Erklärung der Interferenz an dünnen Schichten noch mal zurückgegriffen. Eine allgemeine ausführliche Erklärung sowie die Herleitung der Phasenverschiebung in Abhängigkeit vom Auftreffwinkel ist in Hecht (2014) auf den Seiten 201ff. nachzuschlagen. Ein Ansatz für eine schülergerechte Erklärung im Falle des senkrechten Auftreffens findet sich ebenda auf den Seiten 166f.

Eine Anwendung des Mach-Zehnder-Interferometers liegt zum Beispiel darin, den Brechungsindex von Gasen sehr genau zu bestimmen (Demtröder, 2013, S. 311). Wird ein Gas in einen der Strahlengänge eingebracht, so ändert sich dadurch die optische Weglänge (diese wurde bisher mit der realen Distanz gleichgesetzt, da vereinfacht von einem Brechungsindex von $n = 1$ (Vakuum) ausgegangen wurde). In einer etwas modifizierten Form kann das Mach-Zehnder-Interferometer auch zur Erzeugung von Elektronen-Interferenzmustern dienen (Hecht, 2014, S. 667). In Bezug auf das Themenfeld der Quantenmechanik kann es im schulischen Bereich unter Hinzunahme von Polarisationsfiltern als Analogieversuch zum Quantenradierer eingesetzt werden (KIT, 2009). Weiter wurde es schon zur Beobachtung thermonuklearer Reaktionen eingesetzt (Hecht, 2014, S. 669).

3.2.3 Sagnac-Interferometer

Eine dritte Variante für Interferometer mit Amplitudenaufspaltung stellt das Sagnac-Interferometer dar (vgl. Abb. 7). Die Besonderheit an diesem Aufbau ist, dass beide Teilstrahlen nicht nur einen gleich langen, sondern sogar genau den gleichen Weg nehmen, wobei die Ausbreitungsrichtungen entgegengesetzt sind. Auch hier kommt ein Interferenzmuster durch leichte Abweichungen von der Parallelität zustande. Im Gegensatz zum Mach-

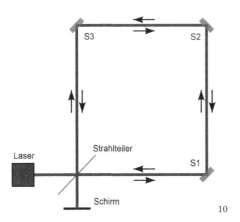

Abbildung 7: *Schematischer Aufbau des Sagnac-Interferometers. Beide Teilstrahlen nehmen den gleichen Weg in gegensätzlicher Richtung, bis sie am Strahlteiler wieder aufeinander treffen. Von jedem Teilstrahl wird ein Teil zum Schirm reflektiert beziehungsweise transmittiert, der jeweils andere Teil wird zurück in die Quelle geworfen. Der im Uhrzeigersinn laufende Strahl wird zweifach an dem Strahlteiler reflektiert, der gegensinnig laufende Strahl zweifach transmittiert.*

Zehnder- oder Michelson-Interferometer sind die genauen Positionen und Abstände der Spiegel hier jedoch irrelevant, da dadurch beide Teilstrahlen auf die gleiche Weise beeinflusst werden. Daher sind auch Aufbauten mit einer Spiegelanzahl von zwei, vier oder mehr möglich, die ganz analog behandelt werden können (ebd. S. 669).

In dieser Arbeit wird jedoch nur der Aufbau mit drei Spiegeln behandelt, da er Aufgrund der symmetrischen, rechtwinkligen Anordnung besonders anschaulich ist. Außerdem wird eine kleine Änderung zum gängigen Aufbau, wie er in Abbildung 7 dargestellt ist, vorgenommen. Wie bereits erwähnt, besitzen die Strahlteiler keine sehr genaue Aufspaltung von 50:50. Das Muster würde somit qualitativ darunter leiden, da einer der Teilstrahlen doppelt reflektiert, der andere doppelt transmittiert wird. Daher wird in dieser Ar-

---

[10]Eigene Darstellung auf Grundlage von https://upload.wikimedia.org/wikipedia/com mons/thumb/2/28/Sagnac_interferometer.svg/1200px-Sagnac_interferometer.svg.png, Abruf am 10.02.2019, 21:01.

beit der Spiegel hinter dem Laser positioniert und das Interferometer so justiert, dass die eigentlich in den Laser zurückgeworfenen Anteile auf dem Schirm interferieren. Diese Teilstrahlen werden beide je einmal reflektiert und einmal transmittiert.

Theoretisch ist auch hier ein Vergleich beider Muster möglich. Es zeigt sich nach obigen Erklärungen, dass auch hier eine Phasenverschiebung von $\Delta\phi = \pi$ stattfindet. Auf eine ausführliche Erklärung wird hier verzichtet, da ein Vergleich im Rahmen der praktischen Untersuchungen nur exemplarisch für das Mach-Zehnder-Interferometer vorgenommen wird. Die Phasenverschiebung lässt sich auch über Analogiebetrachtungen zu ebendiesem Interferometer herleiten.

In dem Sagnac-Interferometer ist es weder möglich die reale Weglänge eines Teilstrahls wie beim Michelson-Interferometer, noch die optische Weglänge wie beim Mach-Zehnder-Interferometer zu ändern, da immer beide Strahlen beeinflusst würden. Dies unterscheidet es fundamental von den beiden bisher vorgestellten Interferometern. Folglich zeichnet es sich durch eine hohe Stabilität bezüglich äußerer Einflüsse aus, da diese immer auf beide Teilstrahlen wirken und das Muster in sich quasi unverändert bleibt. Eine Änderung des Interferenzmusters ist hingegen bei einer Drehung des ganzen Interferometers um die Normale der Strahlenebene zu betrachten. So bewegen sich die Spiegel nämlich dem einen Teilstrahl entgegen, dem anderen laufen sie davon (Demtröder, 2013, S. 310). Eine ausführliche mathematische Beschreibung ist ebenda zu finden. Auf sie wird hier verzichtet, da eine experimentelle Durchführung einen sehr hohen technischen Aufwand benötigt, der das Maß dieser Arbeit überschreiten würde.

Eine Anwendung findet dieser Effekt in der Messung von Winkelgeschwindigkeiten (Hecht, 2014, S. 705). So wurde das Sagnac-Interferometer ebenfalls durch Michelson als historisches Experiment bekannt, indem damit die Erdrotation bemessen wurde (in Zusammenarbeit mit Gale im Jahre 1925) (Demtröder, 2013, S. 310). Technische Anwendung findet das Interferometer heutzutage in Flugzeugen als Gyroskop (Hecht, 2014, S. 705). Ein

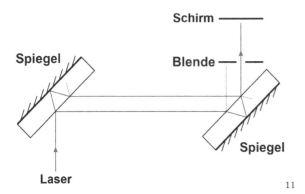

Abbildung 8: *Schematischer Aufbau des Jamin-Interferometers. Der im 45°-Winkel auftreffende Strahl wird an der Vorderseite des Glases sowohl reflektiert als auch transmittiert. Der transmittierte Strahl wird dann nach Reflexion an der Hinterseite wieder an der Vorderseite teils reflektiert, teils transmittiert. Entscheidend ist hier der transmittierte Teil. Die so entstandenen Teilstrahlen treffen auf die zweite Scheibe, wo sie wieder transmittiert und reflektiert werden. Nun liegen bei perfekter Parallelität der Scheiben zwei der Teilstrahlen genau übereinander und treffen auf den Schirm. Mit einer Blende werden durch weitere Reflexionen entstandene unerwünschte Strahlen ausgeblendet.*

didaktischer Zugang zu diesem Effekt kann beispielsweise über akustische Analogieversuche erfolgen (Heusler, 2011).

3.2.4   Jamin-Interferometer

Das Jamin-Interferometer ist ein Vorläufer des Mach-Zehnder-Interferometers (Eichler, 2004, S. 334). Der Strahlengang folgt daher demselben Prinzip, wie in Abbildung 8 erklärt wird. Der Unterschied besteht darin, dass eine planparallele Glasscheibe mit verspiegelter Rückseite sowohl als Strahlteiler als auch als Spiegel wirkt. So wird die Justage des Aufbaus um eini-

---

[11]Eigene Darstellung auf Grundlage von https://upload.wikimedia.org/wikipedia/c ommons/thumb/5/5c/Jamin_interferometer_de.svg/1200px-Jamin_interferometer_de.svg .png, Abruf am 11.02.2019, 10:25.

ges in ihrer Komplexität reduziert, da ausschließlich die beiden Scheiben parallel zueinander ausgerichtet werden müssen. Eine kleine Abweichung des Laserstrahls vom 45°-Winkel hat keine Auswirkung, da dadurch die Weglängendifferenz nicht beeinflusst wird. Ein Interferenzmuster entsteht analog zu den obigen Interferometern durch kleine Abweichungen von der Parallelität der Scheiben zueinander.

Praktisch umgesetzt wird das Interferometer hier aus Kostengründen allerdings über zwei Plexiglasscheiben, die keine spezielle Verspiegelung an der Rückseite besitzen. Der Effekt durch die Reflexionen bleibt natürlich erhalten, allerdings ist die Intensität der beobachtbaren Strahlen wesentlich geringer. Durch die Mehrfachreflexionen entstehen so ein Strahl links und nur ein Strahl rechts des eigentlich zu beobachtenden Strahls, welche im Experiment abgeschirmt werden müssen.

Im Rahmen dieser Arbeit wurde eine Methode entwickelt, die eine experimentelle Bestimmung der Lichtwellenlänge mit dem Jamin-Interferometer ermöglicht. Die grundlegende Idee besteht darin, dass die Drehung eines Spiegels zu einer Änderung der Weglängendifferenz Δx zwischen den beiden Teilstrahlen führt, die im Muster durch den Wechsel von Minima und Maxima sichtbar wird. Um diesen Wechsel messbar wahrnehmen zu können, darf die Drehung nur sehr langsam vonstattengehen, was dadurch ermöglicht wird, dass der Drehpunkt A weit ausgelagert wird (vgl. Abb 9). Die Drehung (hier gegen den Uhrzeigersinn) findet praktisch über ein Schraubsystem statt, welches genauer in Kapitel 5 erläutert wird. Wichtig für die mathematische Herleitung der Formel ist zu wissen, dass die Schraube etwa im Punkt D angreift und eine vollständige Umdrehung dieser ($U = 1$) eine Vorwärtsbewegung von $\Delta Ds = 0{,}5\,\text{mm}$ hervorruft. Weitere Annahmen, die die Berechnung wesentlich erleichtern, sind folgende. Da die Drehung in der Praxis weniger als 1° beträgt, kann in den Punkten B, C und D von näherungsweise konstanten Winkeln ausgegangen werden. Außerdem ist eine Bewegung auf dem Kreisbogen unter dieser Bedingung annähernd geradlinig. Dazu ist der Abstand r des Drehpunktes vom Auftreffpunkt des

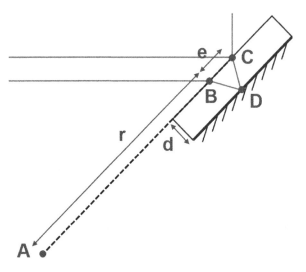

12

Abbildung 9: *Skizze zur Herleitung der Formel zur Bestimmung der Lichtwellenlänge. A stellt den Drehpunkt der Scheibe dar; in B und C treffen die Teilstrahlen auf; d entspricht der Dicke der Scheibe.*

ersten Strahls wesentlich größer als der Abstand e der beiden Auftreffpunkte zueinander.

Die Weglängendifferenz hängt von der durch die Drehung hervorgerufene Differenz der Änderungen der einzelnen Wege ab:

$$\Delta x = \Delta x_C - \Delta x_B. \tag{6}$$

Diese Änderungen entlang der Wege lassen sich über den Einfallswinkel von 45° und den Sinus auf die zur Vorderseite der Scheibe senkrechten Komponenten übertragen:

$$\Delta x = sin(45°) \cdot (\Delta x_C s - \Delta x_B s) \approx 0,71(\Delta x_C s - \Delta x_B s). \tag{7}$$

---

[12]Eigene Darstellung auf Grundlage von https://upload.wikimedia.org/wikipedia/c ommons/thumb/5/5c/Jamin_interferometer_de.svg/1200px-Jamin_interferometer_de.svg .png, Abruf am 11.02.2019, 10:25.

Über den Zusammenhang von Kreisbogenlänge und Winkel lassen sich die senkrechten Komponenten darstellen als

$$\Delta x_B s = \frac{2\pi}{360°} r\alpha \tag{8}$$

$$\Delta x_C s = \frac{2\pi}{360°}(r + e)\alpha. \tag{9}$$

Der Winkel α wiederum lässt sich wegen des Schraubsystems ebenfalls über den Kreisbogen als Funktion der Anzahl der Umdrehungen U darstellen:

$$\Delta x_D s = \frac{2\pi}{360°}(r + \frac{e}{2})\alpha \approx \frac{2\pi}{360°} r\alpha$$

$$\Rightarrow U \cdot 0,5\,\text{mm} = \frac{2\pi}{360°} r\alpha$$

$$\Leftrightarrow \frac{2\pi}{360°}\alpha = \frac{U \cdot 0,5\,\text{mm}}{r}. \tag{10}$$

Über diese Beziehung ergibt sich mit 8 und 9 in 7 eingesetzt

$$\Delta x = \frac{e}{r} U \cdot 0,36\,\text{mm}. \tag{11}$$

Aus den Vorüberlegungen zum Michelson-Interferometer ist bekannt, dass zwischen zwei Maxima die Weglänge λ zurückgelegt wird. Werden also n Maxima während U Umdrehungen gezählt, ergibt sich folgender Zusammenhang:

$$n\lambda = \Delta x = \frac{e}{r} U \cdot 0,36\,\text{mm}$$

$$\Leftrightarrow \lambda = \frac{e}{r}\frac{U}{n} \cdot 0,36\,\text{mm}. \tag{12}$$

Da die Dicke d der Scheibe bekannt und e in der Praxis schwierig zu messen ist, wird dieser Abstand ebenfalls theoretisch bestimmt. Dies lässt sich über Winkelbeziehungen bewerkstelligen, wobei zunächst der Winkel β des gebrochenen Strahls BD zur Normalen der Grenzfläche benötigt wird. Dieser lässt sich über das Brechungsgesetz bestimmen zu

$$\beta = \arcsin\left(\frac{n_{Luft}}{n_{Plexiglas}}\sin(45°)\right). \tag{13}$$

Mit der bekannten Dicke d lässt sich nun über den Tangens die Strecke e bestimmen:

$$\tan(\beta) = \frac{\frac{e}{2}}{d}$$

$$\Leftrightarrow e = 2d\tan(\beta)$$

$$= 2d\tan\left(\arcsin\left(\frac{n_{Luft}}{n_{Plexiglas}}\sin(45°)\right)\right). \tag{14}$$

Mit den Brechungsindizes von Luft ($n = 1$) und Plexiglas ($n = 1,49$)[13] sowie einer gemessenen Dicke des Glases von $d = 9,7\,\text{mm}$ folgt ein Wert von $e \approx 10,5\,\text{mm}$. Der Radius r wird durch das konkrete Instrument (vgl. Abb. 27) festgelegt. Bauartbedingt lässt sich dieser leider nur ungenau beziffern, da einerseits je nach Aufbau des Experiments der Punkt B nicht immer an der gleichen Stelle liegt, andererseits (und viel schwerwiegender) die reale Drehachse durch die Elastizität des Materials nicht unbedingt mit der instrumentell bedachten Drehachse übereinstimmt. Der Wert wird daher durch den Abstand der instrumentellen Drehachse zum Mittelpunkt des Plexiglases festgelegt, welcher $r = 170\,\text{mm}$ beträgt.

Mit (12) ergibt sich so eine **Formel zur Berechnung der Wellenlänge**:

$$\lambda = \frac{9,7}{170}\frac{U}{n} \cdot 0,36\,\text{mm} \approx \frac{U}{n} \cdot 2 \cdot 10^4\text{nm}. \tag{15}$$

Durch Zählung der Umdrehungen der Schraube und der auftretenden Maxima lässt sich also die Wellenlänge experimentell ermitteln. Wegen der Näherungen und des nur grob zu bestimmenden Radius' ist allerdings ein Fehlerbereich zu erwarten, der zwar die Größenordnung des sichtbaren Lichts nicht überschreitet, eine Übereinstimmung der erkannten Farbe mit der errechneten Farbe aber nicht sicherstellen kann. Da die reale Drehachse durch die Elastizität des Materials vermutlich näher an der Plexiglasscheibe liegt als die instrumentelle Achse, folgt daraus ein zu groß bestimmter Wert für r, womit folglich die Wellenlänge tendenziell zu klein bestimmt wird.

---

[13]http://www.chemie.de/lexikon/Brechzahl.html Abruf am 25.02.2019, 11:29.

Praktische Anwendungen erfährt das Jamin-Interferometer ähnlich zum Mach-Zehnder-Interferometer in der Messung von Brechungsindizes (Eichler, 2004, S. 335).

3.3 Fresnel-Doppelspiegel

Im Gegensatz zu den bisher vorgestellten Interferometern beruht die durch den Fresnel-Doppelspiegel hervorgerufene Interferenz auf der Wellenfrontaufspaltung (vgl. Abb. 10).

Mit zwei getrennten Lasern oder anderen in sich kohärenten Lichtquellen lässt sich in Überlagerung keine Interferenz feststellen, da diese nicht zueinander kohärent sind. Mit dem Fresnel-Doppelspiegel lässt sich diese Problematik umgehen, da er durch die gegeneinander verkippten Spiegelflächen zwei virtuelle Quellen entstehen lässt. Das von diesen Quellen ausgehende Licht hingegen ist kohärent, da es von ein und derselben realen Quelle kommt, die kohärentes Licht aussendet. Ein klares Interferenzmuster ist jedoch nur sichtbar, solange die Spiegelflächen um einen sehr kleinen Winkel gegeneinander verkippt werden. Dies hängt mit der eingangs beschriebenen Bedingung der Parallelität zusammen, da nur so die zur Bezugsebene parallelen Feldvektoren der einzelnen Wellen auch zueinander parallel sind (Hecht, 2014, S. 648).

Eine quantitative Durchführung des Versuchs ist möglich, bringt aber einen sehr hohen Mess- und Rechenaufwand mit sich, der aus schulischer Sicht nicht im Verhältnis zum gewonnenen Mehrwert steht. Daher wird im Rahmen der Arbeit dieses Experiment ausschließlich qualitativ durchgeführt, weshalb nun eine anschauliche Analyse des Interferenzmusters folgt. Eine quantitative Beschreibung lässt sich zum Beispiel in Demtröder (2013) auf der Seite 303 nachschlagen.

Konstruktive Interferenz entsteht auf dem Schirm, wenn sich die Entfernungen der virtuellen Lichtquellen zu einem Punkt auf dem Schirm um ein

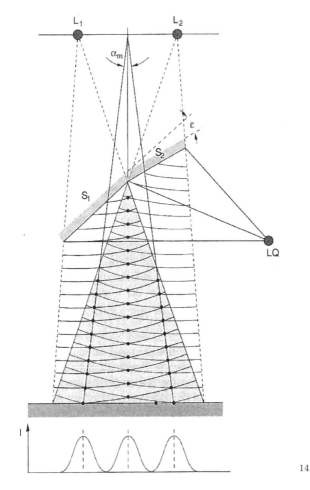

Abbildung 10: *Schematische Funktionsweise des Fresnel-Doppelspiegels. Die beiden leicht gegeneinander verkippten Spiegel S_1 und S_2 reflektieren das von der Quelle LQ ausgesendete Licht. L_1 und L_2 stellen die imaginären Quellen des reflektierten Lichts dar, welches auf dem Schirm interferiert. Anhand der dargestellten Wellenfronten sind die Bereiche konstruktiver Interferenz gut zu identifizieren. Unter dem Schirm ist die genaue Intensitätsverteilung dargestellt.*

---

[14] Demtröder, 2013, S. 303.

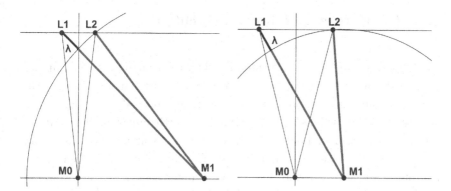

Abbildung 11: *Abstand der Maxima in Abhängigkeit vom Abstand der virtuellen Quellen. Links: Für nah beieinander liegende Quellen L_1 und L_2 ist der Abstand zwischen dem Hauptmaximum M_0 und dem ersten Nebenmaximum M_1 groß. Rechts: Weit entfernte Quellen erzeugen näher beieinander liegende Maxima.*

Vielfaches der Wellenlänge voneinander unterscheiden. Ein Maximum liegt daher immer im Schnitt des Schirms mit dem Lot zur Verbindungsstrecke beider virtueller Quellen, welches am Mittelpunkt dieser Strecke gefällt wird, da dieser Schnittpunkt von beiden Quellen genau gleich weit entfernt liegt (Hauptmaximum M_0) (vgl. Abb. 11). Die Entfernung des nächsten Maximums M_1 vom Hauptmaximum M_0 ist von der Entfernung der virtuellen Quellen L_1 und L_2 zueinander abhängig. Liegen diese nah beieinander, so befindet sich das nächste Maximum weit vom Hauptmaximum entfernt. Je weiter sie sich voneinander entfernen, desto eher wird ein Gangunterschied von λ auf dem Schirm erreicht und desto geringer wird der Abstand der Maxima. Der Abstand der virtuellen Quellen nimmt mit dem Winkel ϵ (vgl. Abb. 10) der Verkippung zu. Für die Interferenzerscheinung folgt also, dass mit zunehmender Verkippung das Muster immer feiner wird.

Der Fresnel-Doppelspiegel erzeugt Interferenzmuster nach demselben Prinzip wie der bekanntere Doppelspalt. Vorteilhaft ist hier, dass nicht nur ein kleiner Teil der Intensität (wie beim Doppelspalt) zum Muster beiträgt, sondern die gesamte Intensität der Quelle (Zinth & Zinth, 2018, S. 181).

3.4 Interferenz an dünnen Schichten

Die Interferenz an dünnen Schichten beruht wiederum auf dem Prinzip der Amplitudenaufspaltung. Mit einer dünnen Schicht ist gemeint, dass die Dicke eines transparenten Stoffs nicht wesentlich größer als die Wellenlänge sichtbaren Lichts ist (Hecht, 2014, S. 651).[15] So tritt aufgrund der geringen Weglängendifferenz und der dadurch erhaltenen Kohärenz zwischen den an der Vorderseite reflektierten und den an der Rückseite reflektierten Strahlen Interferenz auf (vgl. Abb. 12). Der Gangunterschied hängt nun von drei Faktoren ab. Erstens: Je größer der Winkel des einfallenden Strahls zum Lot ist, desto länger ist der Weg des an der Rückseite reflektierten Strahls (**Interferenzen gleicher Neigung**) (ebd.). Zweitens: Je dicker die Schicht ist, desto länger ist der optische Weg des an der Rückseite reflektierten Strahls (**Interferenzen gleicher Dicke**) (ebd. S. 657). Drittens: Je nachdem welche Brechungsindizes die dünne Schicht und die umgebenden Medien haben, tritt eine Phasenverschiebung auf oder bleibt aus (vgl. Abschnitt 3.2.2).

Das im Rahmen der Arbeit entwickelte Instrument behandelt die Änderung der Dicke einer Luftschicht zwischen einer Plexiglasscheibe und einer Spiegelfläche, weshalb auf die Interferenzen gleicher Neigung nicht vertieft eingegangen wird. Eine ausführliche Beschreibung dieses Phänomens ist in Hecht (2014) S. 651ff. oder Zinth & Zinth (2018) S. 185ff. zu finden.

Der Laserstrahl wird im Experiment nahezu senkrecht auf die Schicht gelenkt, wodurch die Effekte der Brechung vernachlässigt werden können und die Theorie an Komplexität verliert. Auch die Überlegungen zur Phasenverschiebung werden dadurch vereinfacht. Die erste Reflexion ist eine innere, die zweite eine äußere. Somit muss eine relative Phasenverschiebung von $\Delta\phi = \pi$ bedacht werden. Da die dünne Schicht in diesem Fall durch Luft gebildet wird, kann die optische Weglänge näherungsweise mit der realen

---

[15] Diese Definition bezieht sich nur auf Phänomene sichtbaren Lichts, weil ausschließlich diese in der Arbeit betrachtet werden. Wird mit anderen Größenordnungen des elektromagnetischen Spektrums hantiert, muss die Definition entsprechend angepasst werden.

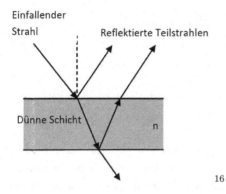

Abbildung 12: *Transmission und Reflexion von Licht an dünnen Schichten. Der einfallende Strahl wird sowohl and der Vorderseite als auch an der Rückseite der dünnen Schicht reflektiert. Beide Teilstrahlen interferieren dann miteinander, wobei ihre Weglängendifferenz sowohl vom Einfallswinkel als auch von der Dicke der Schicht abhängt. In dieser Abbildung ist die räumliche Ausbreitung der Strahlen nicht dargestellt, wodurch der Eindruck erweckt wird, dass die reflektierten Teilstrahlen nebeneinander verlaufen und sich nicht überlagern. Die Ausbreitung ist jedoch wesentlich größer als die Dicke der Schicht und damit wesentlich größer als der Abstand der eingezeichneten Strahlen, sie überlagern sich in der Realität nahezu komplett.*

Weglänge gleichgesetzt werden. Neben der Phasenverschiebung von $\Delta\phi = \pi$, die einer zusätzlichen Weglänge von $\lambda/2$ entspricht, kommt noch die zweifache Dicke d der Schicht zur Weglängendifferenz hinzu. Damit ergibt sie sich zu

$$\Delta x = 2d + \frac{\lambda}{2}. \tag{16}$$

In diesem Fall ist die Betrachtung der Lage der Minima übersichtlicher als die der Maxima, denn diese treten für Vielfache der Wellenlänge plus der halben Wellenlänge auf. Daraus folgt für die Schichtdicke d an der Stelle von Minima:

---

[16]https://hjschlichting.wordpress.com/2014/07/22/wege-4-schleimspur-in-irisierende n-farben/ Abruf 12.02.2019, 18:40.

$$n\lambda + \frac{\lambda}{2} = 2d + \frac{\lambda}{2}$$
$$\Leftrightarrow d = \frac{n}{2} \cdot \lambda, \tag{17}$$

wobei natürlich $n \leq 0$ gelten muss, da die Schichtdicke nicht negativ sein kann.

Anhand der Interferenz an dünnen Schichten lassen sich also deren Dicken bestimmen. Übertragen auf das Interferenzmuster bilden dort die zusammenhängenden Bereiche gleicher Helligkeit Bereiche gleicher Schichtdicke ab, vergleichbar mit Höhenlinien einer topographischen Landkarte (Hecht, 2014, S. 657).

Anwendung findet diese Art von Interferenz beispielsweise in der Werkstoffprüfung, insbesondere bezüglich feiner optischer Geräte (Zinth & Zinth, 2018, S. 189). Eine weitere wichtige Anwendung besteht in der Herstellung von Antireflexbeschichtungen (ebd. S. 190). Im Alltag lässt sich die Interferenz an dünnen Schichten beispielsweise an Ölfilmen auf Wasser (ebd. S. 188) oder an Seifenblasen (Hecht, 2013, S. 659) betrachten.

3.5   Interferenz durch Beugung

In diesem Unterkapitel werden Interferenzen beschrieben, die durch Beugungseffekte an schmalen Öffnungen wie dem Einzelspalt und dem Gitter zustande kommen. Da die Interferenz im Fokus steht, wird auf die Herleitung der Beugung nicht explizit eingegangen, hierfür sei auf Hecht (2014) S. 719ff. verwiesen. Zudem werden nur die für den schulischen Einsatz relevanten Spezialfälle der Extrema betrachtet, eine ausführliche Beschreibung allgemeiner durch Beugung auftretender Intensitätsverteilungen ist ebenda zu finden.

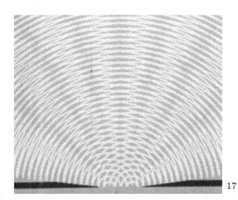

17

Abbildung 13: Beugung am Einzelspalt. Die Überlagerung der gleichphasigen Elementarwellen in der Öffnung ruft Interferenzphänomene hinter dem Spalt hervor.

3.5.1 Einzelspalt

Im Folgenden wird ein Einzelspalt betrachtet, dessen Öffnung (**Spaltbreite**) nicht wesentlich größer als die Wellenlänge des sichtbaren Lichts ist. Trifft monochromatisches kohärentes Licht senkrecht auf den Spalt, so bilden sich entlang der gesamten Öffnung Elementarwellen gleicher Phase aus (Hecht, 2014, S. 721). Diese Elementarwellen interferieren alle miteinander, sodass hinter der Spaltöffnung sowohl konstruktive, als auch destruktive Interferenz auftritt (vgl. Abb. 13).

Es soll nun untersucht werden, wie die Lage der Extrema auf einem weit entfernten Schirm von der Spaltbreite abhängt. Über das in Abbildung 14 dargestelltes Exempel wird dieser Zusammenhang hergeleitet. Eine Elementarwelle lässt sich durch in alle Richtungen ausbreitende kohärente Lichtstrahlen beschreiben. Da zum Punkt M alle Strahlen denselben Weg zurücklegen (man beachte in der Abbildung die Trennung der Größenordnungen, $a \gg d$), entsteht durch konstruktive Interferenz dort ein Maximum (Hauptmaximum). Komplizierter wird die Betrachtung unter anderen Winkeln α, da hier Weglängendifferenzen zwischen den Strahlen auftreten. Im Unterschied zu

---

[17] http://www.aplu.ch/home/simdown/beugung.gif Abruf 13.02.2019, 01:12.

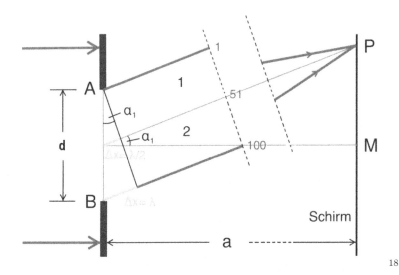

Abbildung 14: *Entstehung der Extrema im Interferenzmuster des Einzelspalts. In dieser Abbildung sind zwei Zeichnungen verschiedener Größenordnung untergebracht. Der linke Teil stellt den Spalt aus mikroskopischer Sicht dar,* $d = \overline{AB}$ *entspricht der Spaltbreite. Der rechte Teil stellt den Schirm aus makroskopischer Sicht dar. M ist der zum Mittelpunkt des Spalts lotrechte Punkt und P um den Winkel* α_1 *zu M auf dem Schirm verschoben.* $a \gg d$ *entspricht dem Abstand von Spalt und Schirm. Die blauen Zahlen stellen eine Nummerierung der fiktiven Strahlen dar, auf die im Text genauer eingegangen wird.*

den (idealisierten) Interferometern sind hier nicht nur die Differenzen zweier Strahlen (**Zweistrahlinterferenz**), sondern unendlich vieler Strahlen mit je unterschiedlichen Weglängen zu betrachten (**Vielstrahlinterferenz**) (ebd. S. 720).

Es sei nun der Winkel $\alpha = \alpha_1$ so gewählt, dass zwischen dem obersten, von A ausgehenden Strahl und dem untersten, von B ausgehenden Strahl eine Weglängendifferenz von $\Delta x = \lambda$ bis zum Punkt P auftritt. Die zwischen diesen beiden Strahlen auftretenden Strahlen werden nun mittig in zwei

---

[18] https://physikunterricht-online.de/wp-content/uploads/2014/09/Interferenz-am-Einzelspalt.jpg Abruf 13.02.2019, 01:04.

Bereiche 1 und 2 aufgeteilt. Es lässt sich jetzt erkennen, dass es zu jedem Strahl im Bereich 1 einen Strahl im Bereich 2 gibt, deren Weglängendifferenz genau $\Delta x = \lambda/2$ beträgt (Zinth & Zinth, 2018, S. 155). Hilfreich für das Verständnis dieser Paarungen ist häufig, die unendlich vielen Strahlen auf eine gleichverteilte diskrete Menge fester Anzahl zu reduzieren. Wählt man beispielsweise 100 Strahlen von A nach B aufsteigend, so bilden die Strahlen 1 und 51, 2 und 52, ..., 50 und 100 Paare, deren Weglängendifferenz genau $\Delta x = \lambda/2$ beträgt. Aus diesem Zusammenhang lässt sich schließen, dass alle Strahlen paarweise destruktiv interferieren, in P also ein Minimum vorliegt.

Analog folgen für alle Winkel α, bei denen die Weglängendifferenz der beiden äußeren Strahlen einem Vielfachen der Wellenlänge des Lichts entspricht, ebenfalls Minima. Dies lässt sich dadurch verstehen, dass sich zum Beispiel für $\Delta x = 2\lambda$ die Strahlen in vier Bereiche teilen lassen, wobei dann je wieder zwei Bereiche wechselseitig destruktiv Interferieren (vgl. Abb. 15 oben).

Auch das Auftreten von Maxima lässt sich über dieses Modell beschreiben. Man betrachte einen Winkel α_2, unter dem die Weglängendifferenz der äußeren Strahlen $\Delta x = 3\lambda/2$ beträgt. Dieses Strahlenbündel lässt sich drei Bereiche einteilen, deren Randstrahlen je eine Weglängendifferenz von $\Delta x = \lambda/2$ zueinander besitzen. Zwei dieser Bereiche löschen sich, wie in Bezug auf die Minima erläutert, aus. Für die Strahlen im dritten Bereich existieren hingegen keine gegenphasigen Partner, die Überlagerung dieser Strahlen führt daher zu konstruktiver Interferenz (vgl. Abb. 15 unten). Verkleinert man den Winkel, so wird dieser dritte Bereich kleiner und die Intensität nimmt ab, bis der Bereich ganz Verschwunden und das erste Minimum erreicht ist. Wird der Winkel vergrößert, so muss zur Beschreibung in diesem Modell ein vierter Bereich hinzugenommen werden, der mit dem Winkel langsam wächst. Die Strahlen aus diesem Bereich interferieren dann wieder destruktiv mit einem Teil der Strahlen aus dem dritten Bereich. Auch hier nimmt die Intensität ab, bis der vierte Bereich genau so groß wie der dritte und das zweite Minimum erreicht ist. Folglich liegt für den Winkel α_2 ein Maximum vor.

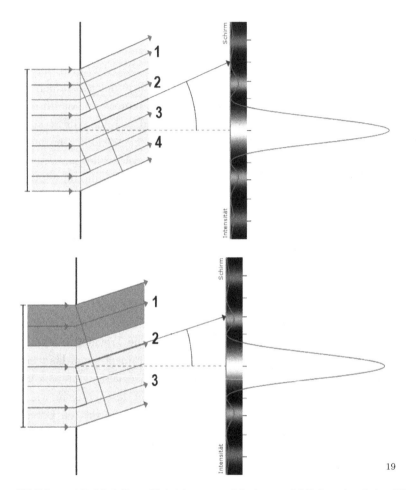

Abbildung 15: *Modell zur Entstehung von Maxima und Minima durch den Einzelspalt. Links ist der Spalt im mikroskopischen Maßstab abgebildet, rechts die makroskopische Intensitätsverteilung auf dem Schirm. Oben: 2. Minimum, die Bereiche 1 und 2 sowie 3 und 4 löschen sich gegenseitig aus. Unten: Die Bereiche 2 und 3 interferieren destruktiv, der Bereich 1 ist maximal groß, sodass ein Maximum auf dem Schirm entsteht.*

[19]http://www.abi-physik.de/buch/wellen/beugung-am-einfachspalt/
Abruf 13.02.2019, 11:50.

Auch dieses Beispiel lässt sich analog auf beliebige Vielfache der Wellenlänge plus eine halbe Wellenlänge übertragen. Einzig für die zwei Winkel unter denen eine Differenz von $\Delta x = \lambda/2$ auftritt muss eine Ausnahme gemacht werden. Da der Punkt in diesem Fall nicht zwischen zwei Minima fällt, sondern zwischen das erste Minimum und das Hauptmaximum, entspricht dieser Punkt keinem Maximum. Dies lässt sich dadurch verstehen, dass für positive Winkel kleiner als α_1 die destruktiven Anteile immer weiter abnehmen.

Die Website *abi-physik.de* (Abi-Physik, 2019) stellt eine besonders anschauliche und schülergerechte interaktive Grafik zur Verfügung, welche die theoretische Vorbereitung auf die Experimente zum Einzelspalt im schulischen Einsatz gut unterstützen kann.

Nachdem nun geklärt ist, unter welchen Weglängendifferenzen der äußeren Strahlen Extrema auftreten, müssen diese Überlegungen noch auf praktisch messbare Größen überführt werden. Dazu werden zunächst die Überlegungen zu den Minima wieder zurate gezogen (vgl. Abb. 14). Der Winkel α findet sich sowohl in der mikroskopischen als auch in der makroskopischen Darstellung wieder, hierüber kann also eine Beziehung hergestellt werden. Im Makroskopischen gilt

$$\tan(\alpha) = \frac{b_n}{a}, \tag{18}$$

wobei $b_n := \overline{MP}$ dem Abstand des n-ten Minimums vom Hauptmaximum auf dem Schirm entspricht. Mikroskopisch besteht folgender Zusammenhang:

$$\sin(\alpha) = \frac{\Delta x}{d}, \tag{19}$$

wobei Δx die Weglängendifferenz zwischen den äußeren Strahlen des gesamten Spalts beschreibt. Wie oben festgestellt wurde, treten Minima für $\Delta x = n\lambda, n \neq 0$ auf. Da in den Experimenten nur kleine Winkel α auftreten, können der Sinus und der Tangens hier in Kleinwinkelnäherung gleichgesetzt werden. Damit ergibt sich aus 18 und 19 folgender **Zusammenhang für Minima**:

$$\frac{b_n}{a} = \frac{n\lambda}{d}$$
$$\Leftrightarrow d = n\lambda \cdot \frac{a}{b_n}. \tag{20}$$

Analog lässt sich ein **Zusammenhang für Maxima** herleiten:

$$d = \frac{(2n+1)\lambda}{2} \cdot \frac{a}{b_n}. \tag{21}$$

Über diese Beziehungen lässt sich durch Experimente am Einzelspalt die Wellenlänge bei bekannter Spaltbreite oder die Spaltbreite bei bekannter Wellenlänge bestimmen. In dieser Arbeit wird der zweite Fall anhand eines in seiner Breite verstellbaren Spalts experimentell behandelt. Es lässt sich anhand der obigen Gleichungen erkennen, dass das Interferenzmuster mit zunehmender Spaltbreite immer feiner wird.

3.5.2 Gitter

Nun wird eine periodische Anordnung von Spalten gleicher Breite betrachtet, die auch optisches Gitter genannt wird. Hier machen sich die Beugungseffekte und die daraus folgende Interferenz ebenfalls nur bemerkbar, wenn der Abstand dieser Spalte (**Gitterkonstante**) nicht wesentlich größer als die Wellenlänge des sichtbaren Lichts ist.[20] Bei einem solchen Gitter beeinflussen zwei verschiedene Beugungseffekte das Interferenzmuster. So treten einerseits Interferenzerscheinungen durch die schmalen Spalte auf (s. o.), andererseits beeinflussen die einzelnen Spalte sich als periodische Quellen gegenseitig. Die Intensitätsverteilung des Gitters ergibt sich dabei multiplikativ aus den durch beide Effekte entstehenden einzelnen Verteilungen (Zinth & Zinth, 2018, S. 163). Anschaulich bedeutet das, dass die Verteilung des Spalts eine Einhüllende der Verteilung durch Periodizität bildet.

---

[20] Auch hier gelten für andere Wellenlängen des elektromagnetischen Spektrums analoge Bedingungen.

In dieser Arbeit wird eine handelsübliche CD als Gitter verwendet. Die digitalen Informationen sind in einer spiralförmigen Spur durch unterschiedlich lange Vertiefungen gespeichert. Lokal betrachtet erscheint die Spur als viele parallele Rillen gleichen Abstands. Da die Spiegelschicht der CD leicht transparent ist, kann sie als **Transmissionsgitter** verwendet werden. Die als Spalte wirkenden Rillen haben dabei im Vergleich zur Gitterkonstanten eine bestimmte Breite, sodass die Einhüllende die zu beobachtenden ersten Hauptmaxima nicht unterdrückt. Daher wird im Folgenden nur der bisher unbekannte Aspekt der Interferenz durch die periodisch auftretenden Spalte betrachtet.

Da CDs Licht auch reflektieren, können sie genau so gut als **Reflexionsgitter** eingesetzt werden. Hier müssten aber durch nicht-orthogonale Winkel im Aufbau weitere Faktoren beachtet werden. Die Nutzung als Reflexionsgitter bringt in diesem Versuch im Vergleich zum Transmissionsgitter keinen Mehrwert, daher wird im Rahmen der Arbeit nur der für Schülerinnen und Schüler verständlichere Weg der Transmission behandelt.

In Abbildung 16 ist eine zum Einzelspalt analoge Grafik des Gitters dargestellt. Hier werden unendlich viele, durch die Spalte entstehende Strahlen betrachtet, wobei deren Quellen einen diskreten Abstand von g (Gitterkonstante) besitzen. Nun lässt sich wieder das Modell der Paarung von Strahlen zur Analyse der Maxima nutzen. In M bildet sich aufgrund konstruktiver Interferenz aller Strahlen wieder das nullte Hauptmaximum aus. Weitere Hauptmaxima treten dann auf, wenn die Weglängendifferenz Δx benachbarter Strahlen Vielfachen von λ entspricht, da so alle Strahlen konstruktiv interferieren. In diesem Modell wird von unendlich vielen Quellen ausgegangen, sodass sich für jede andere Weglängendifferenz aufgrund der Periodizität Paare bilden ließen, die sich gegenseitig auslöschen. Für das Muster hieße das, dass nur für $\Delta x = n\lambda$ ganz scharfe Maxima auftreten, wohingegen für jeden anderen Winkel der Schirm dunkel bleibt (Hecht, 2014, S. 773).

In der Realität ist die Zahl der beleuchteten Spalte natürlich begrenzt, sodass es zwischen den Hauptmaxima durchaus weitere Stellen gibt, an denen

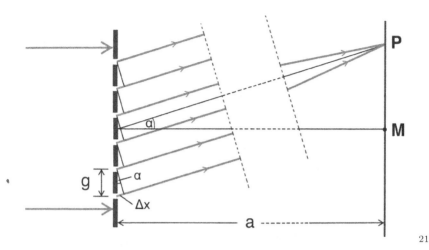

21

Abbildung 16: *Entstehung der Extrema im Interferenzmuster des Gitters. In dieser Abbildung sind wie beim Einzelspalt zwei Betrachtungen verschiedener Größenordnung untergebracht. Der linke Teil stellt das Gitter aus mikroskopischer Sicht dar, g entspricht dabei dem Abstand der Spalte voneinander (Gitterkonstante). Der rechte Teil stellt den Schirm aus makroskopischer Sicht dar. M ist der zum Mittelpunkt des Spalts lotrechte Punkt und P um den Winkel α zu M auf dem Schirm verschoben. a ≫ g entspricht dem Abstand von Spalt und Schirm.*

die Intensität nicht genau null ist, weil sich dann nicht für jeden Strahl ein gegenphasiger Partner finden lässt. In der Tat treten hier $N - 2$ weitere Nebenmaxima auf, wobei N der Zahl der beleuchteten Spalte entspricht. Diese werden jedoch aufgrund sehr geringer Intensität in den Experimenten nicht beobachtbar sein, weshalb sie hier nicht genauer behandelt werden.

Auch beim Gitter wird nun wieder ein Zusammenhang zwischen den Abständen der Hauptmaxima und der Gitterkonstanten hergestellt. Man findet analog zum Spalt:

$$\tan(\alpha) = \frac{b_n}{a},\tag{22}$$

---

[21] Eigene Darstellung auf Grundlage von https://physikunterricht-online.de/jahrgang-11/das-optische-gitter/, Abruf am 13.02.2019, 15:33.

$$\sin(\alpha) = \frac{\Delta x}{g} = \frac{n\lambda}{g}, \tag{23}$$

wobei b_n der Entfernung des n-ten Hauptmaximums zum nullten Hauptmaximum entspricht. Da sich aufgrund der geringen Gitterkonstanten der CD größere Winkel ergeben, kann hier keine Kleinwinkelnäherung vorgenommen. Also ergibt sich aus 23 mit 22 folgende **Gleichung für die Gitterkonstante**:

$$g = \frac{n \cdot \lambda}{\sin\left(\arctan\left(\frac{b_n}{a}\right)\right)}. \tag{24}$$

Auch beim Gitter kann daher ein mikroskopisch kleiner Abstand durch das Vermessen eines Interferenzmusters bestimmt werden. Spektrometer, die auf diesem Effekt beruhen, sind in der Wissenschaft über einen weitaus größeren Wellenlängenbereich als den des sichtbaren Lichts verbreitet (ebd. S. 774). Im Alltag lassen sich auf Gittern beruhende Beugungseffekte beispielsweise an CDs oder Smartphone-Displays beobachten.

4 3D-Druck im Unterricht

In diesem Kapitel wird ein kurzer Überblick über das Verfahren des 3D-Druckens gegeben und anhand von ausgewählten Beispielen ein Einblick in die Möglichkeiten des 3D-Drucks für den (Physik-)Unterricht gewährt.

Es gibt heutzutage viele Möglichkeiten dreidimensional zu drucken. Eine häufig bei handelsüblichen 3D-Druckern und auch im Rahmen dieser Arbeit verwendete Technik nennt sich *Fused Deposition Modeling* (FDM, auch *Fused Filament Fabrication*, FFF, oder zu Deutsch Schmelzschichtung genannt) (QUA-LiS NRW, 2019, S. 4). Dabei wird durch Erhitzen verflüssigter Kunststoff aus einer Düse gepresst. Die Düse bewegt sich innerhalb einer Ebene in zwei Dimensionen und wandert eine Ebene weiter nach oben, sobald die untere Schicht fertig gestellt wurde. Es wird also Schicht für Schicht aufeinander gedruckt, bis das dreidimensionale Element fertiggestellt ist. Als Kunststoff wird in dieser Arbeit Polylactid (PLA) verwendet, welches als sehr einsteigerfreundlich gilt (ebd.).

Die Entwicklung der 3D-Druck-Technik begann bereits in den 1970er Jahren (Heusler, 2014, S. 1). Wie es bei vielen neuen Techniken der Fall ist, wurde auch diese durch rasante Weiterentwicklung mit der Zeit für den Privatgebrauch erschwinglich, was sich genauso für schulischen Einsatz versteht (QUA-LiS NRW, 2019, S. 4).

Ein bedeutender Vorteil für den Unterricht besteht darin, dass nun Lerngegenstände, die eine dreidimensionale Struktur aufweisen, nicht mehr ausschließlich in grafischer, zweidimensionaler Form, sondern realgetreu modelliert in allen drei Dimensionen dargeboten werden können (ebd. S. 5). Diese Darbietungsform verhindert einerseits den Informationsverlust beziehungsweise verminderte Anschaulichkeit, welche durch Reduktion auf zwei Dimensionen entstehen, andererseits ermöglichen dreidimensionale Gegenstände einen motivationsfördernden haptischen Zugang (ebd.; Heusler, 2014, S. 1). Für den Mathematikunterricht lassen sich beispielsweise Verläufe von Graphen im dreidimensionalen Koordinatensystem darstellen, im Geografieun-

terricht Modelle von Erdschichten aufzeigen und besonders in der Chemie
sind die Strukturen von Molekülen anschaulich an dreidimensionalen Modellen zu verstehen (QUA-LiS NRW, 2019, S. 6). Auch im Physikunterricht
eignen sich dreidimensionale Druckerzeugnisse dazu, Funktionen zweidimensionaler Abhängigkeit oder zeitliche Verläufe greifbar zu präsentieren (Heusler, 2014, S. 1f.). Der innovative Vorzug der 3D-Druck-Technik besteht darin,
dass die Lehrkräfte diese Gegenstände individuell an ihren Unterricht angepasst kurzfristig sowie günstig selbst herstellen können. Darüber hinaus
können die Konstruktionsdateien online frei zur Verfügung gestellt werden,
wodurch es in Zukunft für viele Ideen voraussichtlich schon vorbereitete Vor-
lagen geben wird, sodass die Lehrkraft diese Datei nur noch in den Drucker
einspeisen muss und sich die Konstruktionsarbeit spart.

Eine andere Möglichkeit des Einsatzes von 3D-Druck besteht darin, dass
die Schülerinnen und Schüler in diesem Bereich selbst tätig werden. So
können die Lernenden beispielsweise im Kunstunterricht architektonische
oder Design-Modelle eigenverantwortlich am Computer entwerfen, diese Modelle in gedruckter Form analysieren und weiter optimieren (QUA-LiS NRW,
2019, S. 5f., 25ff., 42ff., 54ff.). Die unzähligen Einsatzmöglichkeiten durch
Schülerinnen und Schüler im Technikunterricht werden nicht explizit erwähnt,
einige Beispiele sind ebenda auf den Seiten 6f. und 40ff. zu finden.

Ein für den Physikunterricht weitaus noch nicht ausgeschöpftes Potential
des 3D-Drucks besteht in der technischen Unterstützung des experimentellen Bereichs. So wurden am Institut für Didaktik der Physik in Münster bereits Bauteile für Analogieexperimente, beispielsweise zum Phasenübergang,
entwickelt (Heusler, 2014, S. 2ff.). Weiter wurden dort auch konventionelle
Experimente durch den Einsatz von 3D-Druck-Elementen optimiert sowie
deren Anschaffungskosten stark gesenkt. Als Beispiel dafür lassen sich Luft-
kissenscheiben mit Ballonaufsatz nennen, welche die teuren und lauten kom-
pressorbetriebenen Bahnen ersetzen (Pusch & Bruns, 2018). Diese Scheiben
werden von einer Schülerfirma hergestellt und vertrieben (ebd.), so profitie-
ren sowohl Schüler als auch Lehrer von dieser Entwicklung. In ebendiesem
Bereich setzt auch diese Arbeit an, in der eine auf 3D-Druck beruhende,

preisgünstige Alternative zu herkömmlichen Experimenten zur Interferenz entwickelt und analysiert wird.

In einigen Ländern, wie zum Beispiel England, ist der Einsatz so weit vorangeschritten, dass der Umgang mit 3D-Druckern bereits im Lehrplan fest verankert ist (Heusler, 2014, S. 4). Durch weitere zu erwartende Kostensenkungen ist eine steigende Einbindung dieser Technik im Unterricht absehbar (ebd.).

.

5 Entwicklung und Analyse der Instrumente

In diesem Kapitel werden zuerst Kriterien festgelegt und begründet, welche von Instrumenten zu erfüllen sind, die im schulischen Einsatz optische Experimente ermöglichen sollen. Danach wird erläutert, auf welchen grundlegenden Ideen basierend die Instrumente entwickelt wurden. Ausgehend von den Kriterien werden die entwickelten Instrumente dann vorgestellt und analysiert, wobei eine Unterscheidung zwischen einfachen und komplexen, justierbaren Instrumenten vorgenommen wird. Zum Schluss wird eine zusammenfassende Bewertung der Analyse vorgenommen.

5.1 Kriterien für 3D-Druck-gestützte Instrumente im Schulunterricht

Die Kriterien für 3D-Druck-gestützte Instrumente lassen sich in die drei Kategorien *Herstellung (H)*, *Schülergerechtigkeit (S)* und *Experimentieren (E)* unterteilen. In ersterer betreffen die Kriterien den Prozess der Anschaffung, Montage und Instandhaltung, die zweite Kategorie bezieht sich auf die Verwendung der Instrumente durch Schülerinnen und Schüler und die dritte Kategorie deckt den wissenschaftlich-experimentellen Bereich ab. Sie lassen sich alle aus dem Ziel der Arbeit ableiten, günstige, von Lehrkräften nachbaubare (H1-H4) und schülergerechte (S1-S4) Alternativen (E1) zu herkömmlichen Instrumenten zu schaffen. Der Begriff „nachbaubar" schließt dabei mit ein, dass einerseits die zeitlichen Kapazitäten einer Lehrkraft für den Bau sehr begrenzt sind und andererseits auch nicht davon ausgegangen werden kann, dass jede Lehrkraft überdurchschnittliche technische Kompetenzen und Spezialwerkzeuge besitzt.

© Springer Fachmedien Wiesbaden GmbH, ein Teil von Springer Nature 2020
P. Schürmann, *Experimente zur optischen Interferenz aus dem 3D-Drucker*,
BestMasters, https://doi.org/10.1007/978-3-658-28894-5_5

Herstellung

H1 Niedriger Preis: Als grundlegendes Kriterium sollte der Preis eines Instrumentes möglichst niedrig sein. Darunter fällt auch, dass 3D-Druckerzeugnisse sparsam konstruiert sind.

H2 Einfach zu beschaffene Einzelteile: Die zusätzlich zum 3D-Druckerzeugnis anzuschaffenden Einzelteile sollten leicht zu besorgen sein. Dazu zählen beispielsweise Alltagsgegenstände oder Bestellungen in Online-Shops inklusive Lieferung. Sonderanfertigungen, die die praktischen Kompetenzen und Gegebenheiten im Umfeld einer Lehrkraft übersteigen könnten, sollten nicht vonnöten sein.

H3 Leichte und schnelle Montage: Die Montage muss für die Lehrkraft leicht und ohne großen Zeitaufwand durchführbar sein. Das heißt, dass a) möglichst wenige Einzelteile für ein Instrument montiert werden müssen, b) dafür keine Anleitung vonnöten sein sollte und c) kein Spezialwerkzeug zur Montage benötigt wird.

H4 Einfache Reparatur: Würde ein Instrument einen Defekt erleiden, sollte eine Reparatur zum Beispiel durch Austausch des defekten Teils ohne Umstände möglich sein.

Schülergerechtigkeit

S1 Sicherheit: Ein Instrument darf die Gesundheit einer Schülerin oder eines Schülers nicht gefährden. In diesem Anwendungskontext sind insbesondere mögliche Gefahren für die Augen (Laser) und die Finger (Schnitte, Quetschungen) zu betrachten.

S2 Benutzerfreundlichkeit: Die Bedienung eines Instruments sollte aus motorischer Sicht keine Schwierigkeiten aufwerfen. Das bedeutet, dass alle Stellschrauben oder Ähnliches leicht erreichbar sind und kein großer Kraftaufwand zur Bedienung benötigt wird.

S3 Nachvollziehbarkeit: Die Funktionsweise eines Instrumentes sollte für Schülerinnen und Schüler leicht nachvollziehbar sein und keine „Black-Box" darstellen. Dazu gehört auch, dass keine rein dekorativen Elemente verbaut beziehungsweise konstruiert sind. Weiter sollte ein Instrument durch seine Konstruktion nicht die Nachvollziehbarkeit oder den Überblick über das gesamte Experiment behindern.

S4 Langlebigkeit: Ein Instrument sollte so stabil konstruiert sein, dass es auch bei unter Umständen häufiger unvorsichtiger Benutzung funktionsfähig bleibt und nicht an Qualität einbüßt.

Experimentieren

E1 Genauigkeit: Im Experimentierfeld der Interferenz wird eine hohe instrumentelle Genauigkeit benötigt. Dies bezieht sich sowohl auf die Resistenz gegenüber störenden Einflüssen als auch auf die Feinheit bei justierbaren Instrumenten.

5.2 Grundlegende Ideen für die Entwicklung der Instrumente

Da mit dem zu entwickelnden Set mehrere Experimente ermöglicht werden und zugleich der Preis erschwinglich bleiben soll, bildete sich die Idee heraus, dass die Instrumente so konstruiert werden sollen, dass sie in möglichst vielen Experimenten einsetzbar sind, und daher nur eine geringe Anzahl von Instrumenten für ein einzelnes Set hergestellt werden muss (H1). Damit die Instrumente beliebig miteinander kombiniert werden können, wird als Basis folgendes Konzept gewählt: Die einzelnen Instrumente werden mit Magneten versehen, sodass sie auf beliebigen ferromagnetischen Untergründen, wie zum Beispiel Whiteboards oder klassischen Tafeln, haften. Damit ist erstens eine beliebige Kombinierbarkeit sichergestellt, zweitens sind solche

Unterlagen für Lehrkräfte leicht zugänglich (H2) und drittens ermöglicht diese Basis auch eine gewisse Freiheit in der Planung und dem Aufbau der Experimente, wodurch sowohl Differenzierungsmöglichkeiten geschaffen als auch die Kreativität der Schülerinnen und Schüler gefordert und gefördert werden können. Auf letzteres wird in Abschnitt 8.3 eingegangen.

Von diesem Konzept ausgehend werden Richtwerte für alle Instrumente festgelegt. Der für eine beliebige Kombinierbarkeit wichtigste Richtwert ist die Höhe des Laserstrahls, welcher auf 35 mm festgelegt wird. Dieser Wert ist ein heuristisch bestimmtes Optimum aus gegenläufigen Variablen: a) Je höher der Laserstrahl, desto mehr Freiheiten und Möglichkeiten existieren bei der Konstruktion insbesondere justierbarer Instrumente; b) Je niedriger der Laserstrahl, desto kompakter und daraus folgend sparsamer sowie resistenter gegen störende Einflüsse können die Instrumente konstruiert werden (H1, E1). Ein weiterer Richtwert betrifft die anderen beiden Dimensionen der Instrumente: Höhe und Breite. Diese werden für jedes Instrument individuell so gewählt, dass der gesamte Aufbau eines Experiments (mit Ausnahme des Schirms) so angeordnet werden kann, dass er die Größe eines Blattes im DIN A4-Format nicht übersteigt. Dieses Maß lässt sich einerseits aus dem praktischen Grund begründen, dass es sich dadurch auch bei dem häufig begrenzten Platzangebot auf den Tischen von Schülerinnen und Schülern durchführen lässt (S2). Andererseits werden dadurch didaktische Möglichkeiten in Form von ausgedruckten Anordnungsvorlagen geschaffen, auf die ebenfalls in Abschnitt 8.3 eingegangen wird. Auch hier ist der Wert ein heuristisch bestimmtes Optimum aus gegenläufigen Variablen, denn ein noch kleinerer Aufbau würde zum einen wieder die Konstruktionsmöglichkeiten einschränken, zum anderen gerade bei Gruppenarbeiten mit mehreren Schülerinnen und Schülern die Sicht ins Innere des Experiments einschränken (S3).

5.3 Entwicklung und Analyse einfacher Instrumente

Zu den „einfachen Instrumenten" zählen jene, die im Experiment nur aus-gerichtet, nicht jedoch genau justiert oder eingestellt werden müssen. Inner-halb dieser Klasse zählen das CD-Gitter, die feststehende Plexiglasscheibe, der einfache Strahlteiler, der doppelte Strahlteiler und der Schirm wiederum zu den einfachsten Instrumenten, da zu ihrer Konstruktion jeweils nur ein einziges Teil aus dem 3D-Drucker vonnöten ist. Anhand dieser Instrumente lassen sich exemplarisch einige Konstruktionsideen erläutern, die auch für alle komplexeren Instrumente gelten.

Zur Befestigung auf dem Whiteboard wurden zylindrische Magnete mit 8 mm Durchmesser und 2 mm Höhe gewählt. Der gewählte Durchmesser ermöglicht eine relativ freie Gestaltung der Grundfläche der Instrumente, die so ein Vielfaches von ca. 10 mm beträgt. Kleinere Magnete hätten ei-ne höhere Gestaltungsfreiheit erlaubt, welche jedoch nicht vonnöten ist. Außerdem hätte sich der Aufwand für das Zusammenbauen erhöht (H3). Größere Magnete hätten die Gestaltungsfreiheit zu sehr eingeschränkt und dann womöglich zu unnötig großen Grundflächen geführt (H1). Die gerin-ge Höhe der Magnete ermöglicht einen möglichst niedrigen Strahlengang in Verbindung mit hohem Gestaltungsspielraum (vgl. oben). Die Instrumente werden so konstruiert, dass eine variable Menge an Magneten einpressbar ist. Je nachdem, welcher Untergrund der Lehrkraft zur Verfügung steht, kann so die Stärke der Anziehungskraft durch die Anzahl der Magnete leicht reguliert werden (H3). Diese Regulationsmöglichkeit ist einerseits aus si-cherheitstechnischen Gründen sinnvoll, da bei zu starker Anziehung schnell Finger gequetscht werden können (S1). Andererseits ermöglicht eine gut regulierte Anziehung hohe Stabilität im Experiment und verhindert Verrut-schen (E1). Das Einpressen wiederum ist auch ein zeitlich sehr ökonomisches Verfahren. Es ist kein weiteres Anschrauben oder Ankleben nötig und die Maße der Instrumente sind so gewählt, dass das Einpressen ohne Werkzeug machbar ist, die Magnete unbeweglich sowie fest sitzen und trotzdem mit einem Schraubenzieher oder ähnlichem auch wieder leicht zu entfernen sind, indem sie zur anderen Seite des Kanals herausgeschoben werden (H3, H4).

Abbildung 17: *CD-Gitter.*

Abbildung 18: *Feststehende Plexiglas-scheibe.*

Da Schraubverbindungen durchaus instabiler sind als im Ganzen gedruckte Teile, erhöht diese Konstruktionsidee auch die Lebensdauer der Instrumente (S4). Ein Ankleben der Magnete würde eine mögliche Reparatur erschweren (H4). Im folgenden Verlauf der Analyse wird bei einigen Instrumenten auf das Pressverfahren verwiesen, dabei werden nicht jedes mal wieder die Vorteile gegenüber dem Schrauben oder Kleben hervorgerufen, sondern es wird lediglich die Erfüllung der Kriterien H3 und H4 vermerkt. In dem hier untersuchten Set sind etwa 80 Magnete verbaut, welche für insgesamt 21,60 EUR[22] inklusive Versand über einen Online-Shop erworben werden können (H2). Eine weitere, alle Instrumente übergreifende Konstruktionsidee ist das Anbringen von Fasen, wodurch die Instrumente in sich eine höhere Stabilität erhalten (S4, E1). Diese Stabilität sorgt darüber hinaus bei den justierbaren Geräten für eine wesentlich einfachere Handhabung, da störende Einflüsse minimiert werden (S2).

Nun werden die oben genannten Instrumente im einzelnen Untersucht. Das **CD-Gitter** (vgl. Abb. 17) besteht aus einer 3D-Druck-Halterung und einer beliebigen, Handelsüblichen CD, welche in die Halterung eingepresst wird

---

[22]https://www.supermagnete.de/ Abruf 10.02.2019, 19:02.

(H2, H3, H4). Vorteilhaft ist es, wenn die CD nicht vollständig bedruckt ist, damit das Interferenzmuster möglichst scharf abgebildet werden kann. Im Handel sind CD-Rohlinge für unter 0,50 EUR das Stück erhältlich. Ein Bruchstück der CD würde genügen, um die Effekte der Beugung und Interferenz zu zeigen. Sie sollte dennoch im Ganzen verwendet werden, um keine Gefahr durch scharfe Kanten darzustellen (S1) und für Schülerinnen und Schüler als Alltagsgegenstand erkennbar zu bleiben (S3).

Auch die **feststehende Plexiglasscheibe** (vgl. Abb. 18) wird durch Einpressen (H3, H4) in ihre Halterung befestigt. Das Material kann online für 3,53 EUR[23] fertig zugeschnitten erworben werden (H2). Durch Anfasen der Kanten mit Feilen und Schleifpapier lässt sich ein Schneiden an den Kanten vermeiden (S1). Es wurde Plexiglas anstelle von normalem Glas verwendet, da dieses wesentlich teurer (≥ 35 EUR[24]) und nicht oder nur unter Umständen für eine Lehrkraft selbst bearbeitbar ist (H3). Die Dicke des Plexiglases wurde auf 9,7 mm festgelegt, da so ein klarer Unterschied zwischen den beiden Strahlengängen für jede Schülerin oder jeden Schüler erkennbar ist (S3). Dickeres Glas würde nur die Kosten weiter erhöhen (H1). Hinter und neben der Plexiglasscheibe ist noch je eine dünne Wand angebracht, die ein unbeabsichtigtes Austreten des Laserstrahls verhindert und somit zur Sicherheit der Schüler beiträgt (S1).

Der **einfache Strahlteiler** und der **doppelte Strahlteiler** (vgl. Abb. 19) sind prinzipiell von gleicher Gestalt. Der halbdurchlässige Spiegel wird in die Halterung eingepresst (H3, H4). Bei der Konstruktion der Fassung wurde eine Länge von 15-20 mm pro Seite gewählt, sodass einerseits möglichst wenig Spiegelfläche bedeckt beziehungsweise Material verbraucht wird (H1), andererseits aber eine gute Stabilität gewährleistet ist (S4, E1). Für das Mach-Zehnder-Interferometer werden zwei parallele Strahlteiler benötigt. Dies hätte auch durch zwei einfache Strahlteiler erfüllt werden können, was sowohl Material erspart hätte, als auch dem Prinzip gefolgt wäre, die einzelnen Instrumente in möglichst vielen Experimenten verwenden zu können.

---

[23] https://www.plattenzuschnitt24.de/ Abruf 10.02.2019, 19:17.
[24] https://www.glass-point.com/de/ Abruf 10.02.2019, 19:23. In vielen Online-Shops war die gewünschte Größe zudem nicht verfügbar.

Abbildung 19: *Einfacher und doppelter Strahlteiler.*

In den Experimenten zeigte sich jedoch, dass die Parallelität hoher Genauigkeit gerecht werden muss, sodass ein justierbares Instrument vonnöten gewesen wäre. Diese Konstruktion hätte den Materialverbrauch wieder erhöht, die Montage erschwert und noch zusätzliche Justagearbeit der Schülerinnen und Schüler erfordert. Daher wird ein starres Instrument mit zwei Fassungen verwendet, welches die Parallelität zweier Strahlteiler sicherstellt (H3, S2). Der halbdurchlässige Spiegel ist für 6,90 EUR[25] online erhältlich (H2), was in Summe für beide Instrumente 20,70 EUR ergibt.

Der **Schirm** (vgl. Abb. 20) besteht aus einer großen 3D-Druck-Halterung und weißem Papier, welches durch doppelseitiges Klebeband befestigt ist. Die Ausdehnung des Schirms beträgt 200 mm je Seite. Diese Fläche ist so gewählt, dass sie alle in den Experimenten entstehenden Muster für eine große Gruppe an Schülerinnen und Schüler (zum Beispiel in einer Präsentationsrunde, vgl. 8.3) gut sichtbar abbildet (S3). Ein größerer Schirm würde einerseits eventuell die Grundfläche des 3D-Druckers übersteigen und somit nicht in einem Teil druckbar sein. Die Unterteilung in mehrere Einzelteile würde dann zulasten der Stabilität und der Montagezeit gehen (H3, S4). Andererseits nimmt die Intensität des Musters mit seiner Größe auf dem

---

[25]https://www.forscherladen.de/ Abruf 10.02.2019, 19:25.

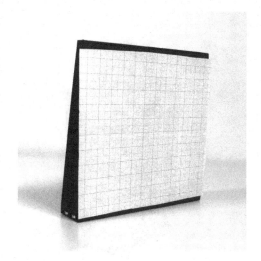

Abbildung 20: Schirm.

Schirm ab, ein größeres Muster wäre für viele Schülerinnen und Schüler daher sogar schwieriger erkennbar und auswertbar, weshalb ein größerer Schirm keinen weiteren Nutzen bringen, sondern nur höhere Druckkosten erzeugen würde (H1).

Nun sollen einfache Instrumente betrachtet werden, die aus mehr als einem 3D-Druck-Teil bestehen. Dazu gehören der Smartphone-Halter und die Linse. Der **Smartphone-Halter** (vgl. Abb. 21) wird der Auswertung des Jamin-Interferometers dienen (vgl. Abschnitt 6.2.4). Er wurde so konstruiert, dass er Smartphones mit einer Breite von bis zu 90 mm, einer Höhe von mehr als 90 mm und beliebiger Dicke aufnehmen kann. Diese Werte schließen den größten Teil der aktuell im Umlauf befindlichen Smartphones ein, sodass sichergestellt ist, dass selbst kleinere Gruppen von Schülerinnen und Schülern dieses Instrument problemlos nutzen können (H2). Das Smartphone wird nur durch Gummibänder gehalten, wodurch eine Beschädigung durch Kratzer auszuschließen ist (S1). Zwei Federn sorgen für den nötigen Druck, der das Smartphone sichert. Es ist so vor dem Herausrutschen bewahrt (S1) und die Messung wird nicht negativ beeinflusst (E1). Weiter-

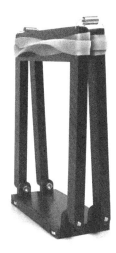

Abbildung 21: Smartphone-Halter.

hin ist eine variable Einstellung der Höhe möglich, sodass die Kamera des Smartphones einfach passend ausgerichtet werden kann (E1, S2). Dabei wurde darauf geachtet, dass die zur Öffnung der Halterung benötigte Kraft nicht zu groß ist, was der Benutzerfreundlichkeit zugute kommt (S2). Die Federn, Gummibänder sowie Schrauben und Muttern zur beweglichen Verbindung der Einzelteile stellen kein großes Hindernis in der Beschaffung dar (H2). In der Montage ist dieses Instrument durchaus zeitintensiver als die oben genannten, der Aufwand wurde jedoch möglichst gering gehalten, indem alle Löcher durch die Konstruktion schon bedacht waren und nicht von der Lehrkraft gebohrt werden müssen. Damit müssen die Federn und Gummibänder nur angebracht sowie Schrauben hereingedreht werden (H3). Da nichts geklebt wird, sind alle Vorgänge reversibel, was einer einfachen Reparatur zugute kommt (H4).

Als letztes Instrument ist in dieser Kategorie noch die **Linse** zu betrachten (vgl. Abb. 22). Durch zwei drehbare Arme ist die Linse in der zum Laser-

Abbildung 22: Halter der Linsen mit -35 mm und -65 mm Brennweite.

strahl senkrechten Ebene frei beweglich, sodass sie leicht und zielgenau in den Strahlengang eingebracht werden kann (S2, E1). Ein weiterer Vorteil ist, dass zwischen zwei Linsen verschiedener Brennweite (-35 mm und -65 mm) gewählt werden kann. So ist einerseits für die Schülerinnen und Schüler eine schnelle und leichte Anpassung an das jeweilige Experiment möglich (S2), andererseits ersetzt diese Konstruktionsidee zwei einzelne Instrumente (H1, H3). Die Linsen werden in die Form eingepresst, die Arme miteinander verschraubt (H3, H4). Über einen Online-Shop sind die Linsen für 1,30 EUR[26] pro Stück leicht erhältlich (H2).

Die **Positionsvorlagen** (vgl. Abb. 23) sind keine Instrumente im eigentlichen Sinne, sollen aber dennoch kurz untersucht werden. Ihr fakultativer Einsatz erleichtert den Aufbau (S2) des Michelson-, Mach-Zehnder- und Sagnac-Interferometers und führt aufgrund der optimalen Abstände und Winkel schneller zu sehr guten Ergebnissen (E1) (mehr dazu in den Abschnitten 6 und 8.3). Durch die passende Wahl der Größen der Instrumente

---

[26] https://www.forscherladen.de/ Abruf 10.02.2019, 19:28.

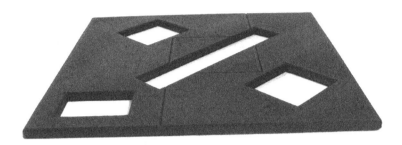

Abbildung 23: *Positionsvorlage. Hier ist exemplarisch die Vorlage für das Mach-Zehnder-Interferometer abgebildet. Die Aussparungen sind für folgende Instrumente vorgesehen. Vorne links: Linse; mittig: doppelter Strahlteiler; vorne rechts und hinten links: Spiegel. Durch die Rillen ist der optimale Strahlengang vorgegeben. Der Laser wäre vor der Vorlage, der Schirm dahinter positioniert.*

ist es möglich, diese Platten in einem Vorgang zu drucken[27], eine Montage und weitere Einzelteile sind nicht notwendig (H2, H3). Sie werden in einer Stärke von 5 mm hergestellt, welche ein heuristisch bestimmtes Optimum aus Stabilität und Sparsamkeit darstellt (H1, S4). Weiter trägt zur Stabilität bei, dass zwischen den Aussparungen ein Mindestabstand von 10 mm eingehalten wurde (S4). Die Maße der Aussparungen wurden je Seite einen Millimeter größer als Seitenlängen der Instrumente konstruiert und die Kanten wurden großzügig abgerundet. So sind ein passgenaues Einsetzten ohne Klemmen sowie ein leichtes Entnehmen ohne Verkanten gewährleistet (S2). Der ideale Strahlengang ist durch eine Rille vorgezeichnet, wodurch den Schülerinnen und Schülern ein Überblick über eine vorteilhafte Ausrichtung der Instrumente verschafft wird (S3).

---

[27]Es wird von einem Drucker ausgegangen, der eine Grundfläche von mindestens 200 mm pro Seite drucken kann.

Abbildung 24: *Feststehender Spiegel. Der Vorderflächen-Glasspiegel ist mit doppelseitigem Klebeband auf der abgeschrägten Erhebung der vorderen Ebene befestigt.*

5.4 Entwicklung und Analyse justierbarer Instrumente

Nun werden die „komplexen Instrumente" erläutert und analysiert. Begonnen wird mit dem **feststehenden Spiegel** (vgl. Abb. 24), da an diesem exemplarisch einige Ideen und Funktionen betrachtet werden können, die auf viele weitere komplexe Instrumente übertragbar sind. Die Bezeichnung „feststehend" bezieht sich dabei auf die Position des Spiegels auf der Grundplatte, nicht auf seine Ausrichtung, die sehr wohl veränderbar ist. Auf ebendiese Justierbarkeit wird nun zuerst eingegangen. Wie in Abbildung 25 links zu erkennen ist, besteht das für die Justierbarkeit verantwortliche 3D-Druck-Element aus drei parallelen Ebenen. Diese sind durch je einen halben Hohlzylinder an einer Seite miteinander verbunden. Durch die

Biegsamkeit des Materials können die Ebenen je relativ in einer Dimension gegeneinander verkippt werden. In Summe ergibt sich daraus eine zweidimensionale Beweglichkeit zwischen vorderer und hinterer Ebene. Wird die hintere Ebene nun durch das zweite 3D-Druck-Element (vgl. Abb. 25 rechts) mit der Grundplatte befestigt und an der vorderen Ebene ein Spiegel angebracht, ermöglicht diese Konstruktion eine Ausrichtung des Spiegels in vertikaler und horizontaler Richtung. Praktisch vorgenommen wird diese Justage durch in die vorgesehenen Bohrungen und Vertiefungen eingelassene Schrauben und Muttern. Die Muttern sind durch die Vertiefungen in ihrer Position unbeweglich, die Schrauben bewegen sich also durch Drehen der mittleren beziehungsweise vorderen Platte entgegen. Die Hohlzylinder wirken dieser Bewegung als Federn entgegen, sodass eine reversible Einstellung in jeder Dimension möglich ist. Damit der Spiegel auch in negative Richtungen bezüglich der rechtwinkligen Grundposition justiert werden kann, ist auf der vorderen Platte eine abgeschrägte Erhebung angebracht, auf welcher der Spiegel montiert wird. So muss nun eine gewisse Vorspannung durch die Schrauben aufgebracht werden, um den Spiegel in eine orthogonale Position zu bringen. Dadurch erhält das Instrument auch die Möglichkeit den Spiegel in jede Richtung bezüglich der Grundposition auszurichten.

Nachdem die Konstruktionsidee erläutert wurde, wird das Instrument nun hinsichtlich der oben genannten Kriterien untersucht. Aus technischer Sicht sind zwei 3D-Druck-Elemente das minimal Mögliche und erlauben eine im Verhältnis zur Komplexität besonders einfache Montage (H3). Diese beiden Teile werden durch eine Schraube verbunden. Daraus ergibt sich im Falle eines Schadens der Vorteil, dass nur eines der beiden Elemente neu gedruckt und zusammengebaut werden muss und sich die Lehrkraft daher die jeweils andere Montagearbeit (Einpressen der Magnete beziehungsweise Montieren der Schrauben und Muttern) spart (H4). Es war zunächst geplant, die Spiegel durch Einpressen in Rillen (vgl. Fresnel-Doppelspiegel) zu montieren. Im Experiment zeigte sich jedoch, dass dadurch leichte Spannungen im Material entstehen. Diese Spannungen sorgten dafür, dass sich der Spiegel minimal wölbte und somit ein hyperbolisches Interferenzmuster anstelle eines kreisförmigen entstand (vgl. Abb. 32 in Kapitel 6). Daher wird bei diesem

Abbildung 25: *Einzelteile des Spiegels. Links: Die mittlere Fläche lässt sich durch die links angebrachte Schraube horizontal zur hinteren Ebene verkippen. Die vordere Fläche lässt sich analog durch die oben angebrachte Schraube vertikal zur mittleren Ebene verkippen. Den Schrauben gegenüberliegend sind die als interne Federn wirkenden halben Hohlzylinder zu sehen. Rechts: Grundplatte und Halterung, die mit der hinteren Ebene des Teils aus dem Bild links verschraubt wird.*

Instrument als einzigem auf eine Montage durch Kleben zurückgegriffen. Wird dafür beispielsweise doppelseitiges Klebeband verwendet, lässt sich der Spiegel sowohl schnell anbringen, als auch zu Reparatur- oder Reinigungszwecken wieder gut entnehmen (H3, H4). Der Spiegel kann online für 4,90 EUR[28] erworben werden (H2). Seine Größe wurde so gewählt, dass es einerseits preislich im Rahmen bleibt (H1), andererseits der Aufbau und die Justagearbeit durch eine zu kleine Fläche nicht beeinträchtigt werden (S2). Da das Instrument auf die Elastizität des verwendeten Kunststoffes angewiesen ist, spielt die Frage der Langlebigkeit eine wichtige Rolle. Eine langzeitliche Untersuchung konnte im Rahmen dieser Arbeit nicht durchgeführt werden. Die bisherigen Beobachtungen zeigen aber eine durchweg positive Tendenz, da es auch bei starker Neigung bisher zu keinem Bruch kam und die Rückstellkraft der Federn nicht beeinträchtigt wurde. Sollte es dennoch zu Beeinträchtigungen der Rückstellkraft kommen, ließe sich dies

---

[28]https://www.forscherladen.de/ Abruf 10.02.2019, 19:31.

durch den Einbau einer Metallfeder kompensieren (S4). Da es bisher jedoch keine Anzeichen dazu gibt, wurde zugunsten von einer schnellen Montage und der Anschaffungskosten (H1, H3) darauf verzichtet. Weiter hat ein Verzicht auf die Federn den Vorteil, dass nur noch absolute Standardbauteile wie Schrauben, Muttern und Hutmuttern benötigt werden (H2). Eine Entlastung des Instruments durch Zurückdrehen der Schrauben nach dem Experimentieren kann die Langlebigkeit weiter positiv beeinflussen. Die Stellschrauben werden noch durch Hutmuttern und gedruckte Aufsätze ergänzt. Diese erleichtern einerseits das Verstellen dieser Schrauben und sorgen andererseits für ein näherungsweise lineares Verhältnis zwischen Drehung der Schraube und Neigung des Spiegels (S2). Die Schrauben können leicht mit einem Hammerschlag in die Aufsätze eingepresst werden, ein Kleben ist nicht notwendig (H3). Die Bohrungen der Schrauben sind um einige Millimeter durch kegelförmige Erhebungen verlängert, wodurch die Stabilität beim Justieren um einiges erhöht wird und gleichzeitig nur minimal mehr Material verbraucht wird (H1, S2). Durch die Wahl von M3-Schrauben mit einer Steigung von 0,5 mm pro Umdrehung und einem Abstand von etwa 40 mm zwischen Stellschraube und Drehachse lässt sich über die Trigonometrie eine Verstellung des Winkels von etwa 0,7° pro Umdrehung errechnen. Anschaulich entspricht das einer Verschiebung[29] des Laserpunktes von etwa 25 mm auf einem Meter Entfernung pro Umdrehung. Diese Genauigkeit ist für Experimente in den geplanten Größenordnungen ausreichend (E1), wie sich im Kapitel 6 herausstellen wird. Ein größerer Abstand zwischen Drehachse und Stellschraube hätte zu mehr Materialverbrauch und einer höheren Genauigkeit geführt, die nicht vonnöten ist (H1). Ein kleinerer Abstand hätte Aufgrund der Größe des Spiegels kaum zu Materialersparnis, wohl aber zu einer geringeren Genauigkeit geführt, welche die Justage erschwert hätte. Allgemein wurde bei justierbaren Instrumenten darauf geachtet, dass diese eine höhere Anzahl an Magneten erhalten, um Stabilität beim Justagevorgang zu gewährleisten (E1). Bei den folgenden Instrumenten, welche die Idee der internen Feder in Kombination mit modifizierter Stellschraube verwenden, wird nicht mehr explizit auf die oben genannten

---

[29]Zu beachten ist, dass eine Verstellung des Spiegels um einen Winkel α zu einer Änderung des Laserstrahls von 2α führt.

Abbildung 26: *Fresnel-Doppelspiegel. Links: Vorderseite, die Spiegel sind in die vorgesehenen Halterungen eingepresst. Rechts: Rückseite, hinter der Lücke der Spiegel ist die innere Feder zu sehen, vorne die Stellschraube. Die Schraube in der Mitte befestigt das justierbare Teil mit der Grundplatte.*

Vorteile eingegangen. Es werden lediglich die erfüllten Kriterien (H1, H2, H3, S2, S4, E1) erwähnt.

Der **Fresnel-Doppelspiegel** (vgl. Abb. 26) basiert ebenfalls auf diesem Prinzip (H1, H2, H3, S2, S4, E1), womit es möglich ist, dieses Instrument auch in nur zwei Teilen zu drucken (H3). Es wird als Grundplatte das gleiche Einzelteil wie beim feststehenden Spiegel verwendet, welches durch eine Schraubverbindung mit dem justierbaren Teil verbunden wird (H4). Im Gegensatz zum feststehenden Spiegel hat hier eine minimale Spiegelkrümmung keine störenden Auswirkungen. Daher können die Spiegel hier durch strammes Einschieben montiert werden. Dies erleichtert die Montage und ist auch Vorteilhaft gegenüber Reparaturen (H3, H4). Das besonders groß gewählte Stellrad ermöglicht ein besonders feines Verkippen der Spiegel zueinander, was den Schülerinnen und Schülern bei der Durchführung des Experiments zugute kommt (S2, E1).

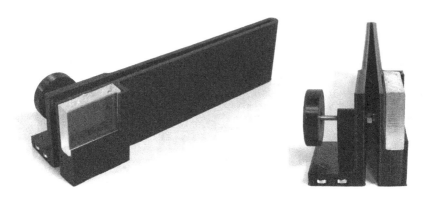

Abbildung 27: *Bewegliche Plexiglasscheibe. Links: Über die Verlängerung der internen Feder kann zwischen theoretischer Drehachse und Mittelpunkt der Scheibe ein Radius von etwa 170 mm erreicht werden. Rechts: Die Stellschraube ermöglicht Dank des großen Radius' eine sehr kleine Winkeländerung.*

Auch bei der **beweglichen Plexiglasscheibe** (vgl. Abb. 27) wurde das Prinzip der internen Feder verwendet (H1, H2, H3, S2, S4, E1), welches ermöglicht, dieses Instrument in nur einem Teil zu drucken (H3). Darüber hinaus wurden für die Fassung und das Material alle Überlegungen der feststehenden Plexiglasscheibe übernommen (H1, H2, H3, H4, S1, S3). Der Abstand zwischen Stellschraube und theoretischer Drehachse beträgt hier etwa 170 mm, woraus nach Kapitel 3.2.4 eine Weglängendifferenz von circa 20 μm pro Umdrehung folgt. Dieses Verhältnis reicht nach Abschnitt 6.2.4 aus, um die Wellenlänge des Lichts für den Schulunterricht hinreichend genau zu bestimmen (E1). Hier ist ein besonders großer Aufsatz für die Schraube der Benutzerfreundlichkeit entgegenkommend, da sie eine noch feinere Drehung ermöglicht (S2). Um eine erschütterungsfreie Drehung der Schraube zu ermöglichen ist die Bohrung ebenfalls wesentlich tiefer angelegt, als es bei anderen Instrumenten der Fall ist. Zusätzlich wird die Stelle, an der die Hutmutter auftrifft, noch durch einen Streifen glattes Klebeband (H2) bedeckt, da durch den 3D-Druck leichte Rillen zwischen den einzelnen Schichten entstehen, die die Messung behindern könnten (E1). Diese Me-

Abbildung 28: *Laserpointer in justierbarer Halterung. Links: Durch Drehen des offenen zylindrischen Aufsatzes lässt sich der Knopf des Laserpointers dauerhaft eindrücken. Darunter sind die internen Federn zur vertikalen und horizontalen Justage erkennbar. Rechts: Metallfedern unterstützen die internen Federn.*

thode ist trotz ihrer Einfachheit vollkommen ausreichend und erfordert nur geringsten Aufwand (H3).

Die Halterung für den **Laser** (vgl. Abb. 28) beruht ebenfalls auf der Idee der internen Feder (H1, H2, H3, S2, S4, E1). Dieses Instrument beruht auf vier Einzelteilen. Der Laserpointer wird zwischen zwei Elementen in die Halterung eingeschraubt. Dies erfordert einen leicht höheren Montageaufwand als beim Pressen und erschwert umgekehrt die Reparatur ein wenig (H3, H4). Diese Befestigung sorgt jedoch dafür, dass der Laser hundertprozentig fest in der Halterung sitzt, wodurch eine wesentlich höhere Sicherheit gewährleistet ist (S1). Darüber hinaus ist es aus Gründen der Drucktechnik nicht möglich gewesen, den justierbaren Teil direkt in eins mit der Halterung der Magnete zu drucken. Daher müssen diese zwei Teile in der Montage miteinander verschraubt werden. Wie beim Spiegel erlaubt das Schrauben eine günstigere Reparatur im Gegensatz zum Kleben (H4). Ein viertes Teil wurde entwickelt, um den Laserpointer dauerhaft einzuschalten. Dieser offene Zylinder lässt sich über den Pointer stülpen und sitzt, da er leicht enger als der Au-

Abbildung 29: *In seiner Breite verstellbarer Einzelspalt.*

ßendurchmesser des Laserpointers gedruckt wurde, auf diesem rutschfest. Durch drehen des Zylinders wird der Knopf eingedrückt und der Laser läuft im Dauerbetrieb. Diese Methode benötigt besonders wenig Montagearbeit und ist darüber hinaus sehr benutzerfreundlich (H3, S2). Die massive Bauweise der anderen drei Teile ist nicht sonderlich sparsam (H1), erhöht aber die Stabilität im Experiment (E1). Auch folgt aus dieser Bauweise, dass Federn notwendig sind, weil die Rückstellkraft der integrierten Federn nicht ausreicht (H3). Zusätzlich sind beim Laser besonders viele Magnete verbaut, um einer ungewollten Bewegung und damit einhergehenden Sicherheitsrisiken vorzubeugen (S1). Der Laserpointer selbst ist für 26,99 EUR[30] online zu erwerben (H2). Dabei ist er außerhalb dieses Experimentiersets für weitere Experimente im Physikunterricht verwendbar, da er dank der Schraubverbindung leicht aus dem Instrument zu entnehmen ist. Seine Wellenlänge liegt nach Angaben des Herstellers bei ca. 650 nm (rot). Da er in die Laserklasse 2 eingestuft ist[31], ist er für den schulischen Einsatz zugelassen (S1) (Bezler et al. 2016, S. 63).

---

[30]https://www.conrad.de/ Abruf 10.02.2019, 19:37.
[31]https://de.hama.com/i/00003518/hama-laserpointer-lp18-rot?bySuggest=laserpointer\%20#technical-details Abruf 10.02.2019, 19:42.

Der verstellbare **Einzelspalt** (vgl. Abb. 29) besteht aus drei 3D-Druck-Erzeugnissen. Die zwei äußeren Teile werden verschraubt (H4), das bewegliche Teil muss nur eingesetzt werden (H3). Die verstellbare Spaltbreite wird ebenfalls über ein Schraubsystem realisiert, welches eine hinreichende Genauigkeit (vgl. Abschnitt 3.5.1) im Bereich von mindestens Zehntel Millimetern liefert (E1). Unterstützt wird die Einstellung dabei durch ein besonders großes Stellrad (S2). Da hier eine geradlinige Bewegung verlangt wird, muss eine Metallfeder anstelle einer internen Feder verwendet werden. Diese ist jedoch auch verhältnismäßig leicht aus dem Baumarkt zu beschaffen oder kann alternativ aus einem Kugelschreiber ausgebaut werden (H1, H2). Da die Kanten des Spalts druckbedingt nicht ganz glatt sind, ist möglicherweise eine Nachbearbeitung mit Schleifpapier notwendig (~~H3~~). Der große Vorteil ist jedoch, dass nur diese leicht zu beschaffenden Einzelteile für den Bau eines Einzelspalts benötigt werden, wodurch er preislich sehr günstig bleibt (H1).

Das Instrument zur Beobachtung von **Interferenz an dünnen Schichten** (vgl. Abb. 30) schließt dieses Unterkapitel ab. Es wird als Halterung nur ein einziges 3D-Druck-Erzeugnis benötigt und der Mechanismus beruht wieder auf einem Schraubsystem (H2). In die Halterung werden dann eine Plexiglasscheibe und ein Vorderflächenglasspiegel locker eingelassen und es ist nicht mal ein Einpressen nötig (H3, H4). Die Konstruktion ist so bedacht, dass die Plexiglasscheibe und der Spiegel aus den anderen Instrumenten verwendet werden können[32], um Kosten zu sparen (H1). Dies erfordert verständlicherweise ein wenig mehr Aufwand beim Experimentieren (~~S2~~). Alternativ können diese Teile zusätzlich bestellt werden, wodurch sich der Preis erhöht, der Aufwand aber verschwindet (~~H1~~, S2). Durch ein großes Stellrad kann der Druck zwischen Plexiglas und Spiegel gut reguliert werden (E1). Da das Instrument nach oben hin offen ist, können die Schülerinnen und Schüler die Funktionsweise des Instruments gut nachvollziehen (S3). Im Experiment wird durchaus ein gewisser Druck auf den Glasspiegel ausgeübt, was möglicherweise zum Bruch führen kann. Die bisherigen Versuche zeigten

---

[32]Aufgrund der Befestigung durch Einpressen sind diese Teile auch für Schülerinnen und Schüler aus den Instrumenten sowohl leicht entfernbar als auch wieder einsetzbar.

Abbildung 30: *Instrument zur Untersuchung der Interferenz an dünnen Schichten. Links: Fertig montiertes Instrument. Mitte: Bei der Montage wird hinten der Vorderflächen-Glasspiegel und vorne die Plexiglasscheibe eingesetzt. Rechts: Die Stellschraube presst den Spiegel von hinten gegen die Plexiglasscheibe und ändert so die Dicke der Luftschicht zwischen ihnen.*

jedoch keine Anzeichen diesbezüglich. Konstruktionsbedingt ist ein Bruch der Verbindung zwischen Schraube und Stellrad wahrscheinlicher, wonach das Instrument zwar auch repariert werden müsste, aber keine gefährlichen Glassplitter entstehen können (S1).

5.5 Summative Bewertung der Analyse

Um einen Überblick über die Erfüllung der Kriterien zu bekommen, müssen einige Aspekte noch zusammenfassend betrachtet werden. So entstehen Materialkosten in Höhe von 104,15 EUR[33] und 22,10 EUR Versandkosten für ein vollständiges Experimentierset bestehend aus:

---

[33] Im Falle des Fresnel-Doppelspiegels und des Dünnschicht-Instruments wurde von den günstigeren Varianten ausgegangen. Die teurere Variante, in der jedes Instrument voll ausgestattet wird, würde 119,53 EUR kosten.

1 CD-Gitter	3 Positionsvorlagen
1 feststehende Plexiglasscheibe	3 feststehende Spiegel
1 einfacher Strahlteiler	1 Fesnel-Doppelspiegel
1 doppelter Strahlteiler	1 bewegliche Plexiglasscheibe
2 Schirme	1 Laser
1 Smartphone-Halter	1 Einzelspalt
1 Linse	1 Dünnschicht-Instrument

Dabei wurden für die durch den 3D-Druck entstandenen Kosten auf maximal
5,00 EUR und die Kosten für Schraubverbindungen und Federn ebenfalls auf höchstens 5,00 EUR geschätzt. Diese Summe erfüllt das Preis-Kriterium H1 in vollem Maße, wie auch in Kapitel 7 durch Vergleich mit herkömmlichen Instrumenten deutlich wird. Darüber hinaus wird in keinem Fall eine Sonderanfertigung oder Spezialwerkzeug benötigt (H2, H3). Da alle Teile verschraubt oder eingepresst werden (mit Ausnahme des feststehenden Spiegels, bei dem auch Kleben notwendig ist), ist eine Reparatur immer problemlos möglich ohne das ganze Instrument neu herstellen zu müssen (H4).

Aus Sicht der Schülergerechtigkeit sind die Instrumente als sehr sicher einzustufen (S1), wobei eine Gefahr durch unsachgemäße oder unvorsichtige Verwendung des Lasers nie auszuschließen ist. Keines der Instrumente erfordert eine komplizierte Bedienung und ihre Funktionsweise ist für Schülerinnen und Schüler immer nachvollziehbar (S2, S3). Die Instrumente beruhen alle auf sehr ähnlichen Konstruktionsideen, was den Gesamtumfang für das Verständnis der Funktionsweise aller Instrumente senkt (S3). Durch gewisse Konstruktionsideen wurde versucht stabile, langlebige Instrumente herzustellen. Eine verlässliche Bewertung dieses Kriteriums wird jedoch erst durch praktische Erprobung an Schülerinnen und Schülern möglich sein und kann im Rahmen dieser Arbeit nicht vorgenommen werden.

Aus theoretischen Überlegungen folgend sind alle Instrumente so konstruiert, dass sie im Experiment hohe Stabilität und ausreichende Genauigkeit aufweisen sollten (E1). Dieses Kriterium wird im nachfolgenden Kapitel durch experimentelle Untersuchungen von der praktischen Seite her ergänzt.

6 Testung und Analyse der experimentellen Aufbauten

In diesem Kapitel werden die aus den einzelnen Instrumenten zusammengesetzten Experimente praktisch erprobt und analysiert. Dazu werden zunächst wie im vorangegangenen Kapitel Kriterien für die Analyse aufgestellt. Darauf folgen Beobachtungen und Ergebnisse der Testungen, welche hinsichtlich der Kriterien ausgewertet werden. Zum Schluss werden die Analyseergebnisse zusammenfassend dargestellt.

6.1 Kriterien für experimentelle Aufbauten im Schulunterricht

Die Kriterien für die experimentellen Aufgaben lassen sich ähnlich der obigen Kriterien in zwei Kategorien einteilen: *Schülergerechtigkeit (S)* und *Ergebnisse (E)*. Auch diese Kriterien leiten sich aus der Zielformulierung der Arbeit ab, dass die Experimente von Schülern durchgeführt werden können (S1-S4) und Alternativen auf hohem wissenschaftlich-experimentellem Niveau der Schule darstellen (E1-E2).

Schülergerechtigkeit

S1 Sicherheit: Ein Experiment muss so entwickelt sein, dass es die Gesundheit von Schülerinnen und Schülern nicht gefährdet. In diesem Fall geht vom Laser eine besondere Gefährdung für die Augen aus.

S2 Einfacher und schneller Aufbau: Der Aufbau des Experiments sollte keine besonderen Schwierigkeiten hervorrufen, damit für jede Schülerin und jeden Schüler die Möglichkeit zur Teilhabe besteht. Darüber hinaus sollte die für den Aufbau benötigte Dauer recht kurz sein, um

© Springer Fachmedien Wiesbaden GmbH, ein Teil von Springer Nature 2020
P. Schürmann, *Experimente zur optischen Interferenz aus dem 3D-Drucker*,
BestMasters, https://doi.org/10.1007/978-3-658-28894-5_6

einerseits die Motivation der Schüler nicht zu hemmen und andererseits die kostbare Unterrichtszeit nicht übermäßig zu belasten. Dadurch soll eine Einsatzmöglichkeit des Experiments im alltäglichen Unterricht sichergestellt werden.

S3 Durchführbarkeit: Ein Experiment muss analog zum Aufbau auch für alle Schülerinnen und Schüler durchführbar sein. Innerhalb der Möglichkeit der Durchführung ist es aus analytischer Sicht aber auch sinnvoll, jene hinsichtlich des Anspruchsniveaus zu untersuchen und einzuordnen. Dazu wird dieses Kriterium um eine Ebene erweitert, welche die Abstufungen *besonders einfach durchführbar (S3-I), Durchführung erfordert ein wenig Geschick (S3-II)* und *Durchführung erfordert Geschick und Beharrlichkeit (S3-III)* enthält.
Zu erwähnen ist, dass die Kriterien S2 und S3 nicht immer scharf gegeneinander abzugrenzen sind. So wird eine eventuell nötige Korrektur des Aufbaus während der Durchführung unter dem Kriterium der Durchführbarkeit betrachtet und beeinflusst die Einstufung des Anspruchsniveaus.

S4 Nachvollziehbarkeit: Ein experimenteller Aufbau sollte für alle Schülerinnen und Schüler klar zu überblicken und nachvollziehbar sein. Das Kriterium bezieht sich hier ausschließlich auf den realen Aufbau, zum Beispiel im Sinne einer strukturierten Anordnung der Instrumente. Die Nachvollziehbarkeit von Experimenten auf theoretischer Ebene betrifft einen anderen Bereich der Fachdidaktik und wird in dieser Arbeit nicht behandelt.

Ergebnisse

E1 Qualitative Ergebnisse: Die mindeste Anforderung an ein Experiment im Physikunterricht ist die, dass es qualitative Ergebnisse liefert; womit dieses Kriterium obligatorisch für alle untersuchten Aufbauten ist. Wichtig für die Akzeptanz durch Schülerinnen und Schüler – und daher auch für die Erfüllung des Zwecks eines Experiments – ist insbesondere die Güte des Ergebnisses. Deshalb wird auch bei diesem Kriterium eine Abstufung aus den Ebenen *ausreichendes Ergebnis (E1-I)* und *überzeugendes Ergebnis (E1-II)* eingeführt.

E2 Quantitative Ergebnisse: Ein Experiment, das auch quantitativ auswertbar ist, liefert eine weitere Bereicherung für den Unterricht. Manche Experimente sind allein von der theoretischen Konzeption her nur qualitativ auswertbar, weshalb dieses Kriterium nicht auf alle folgenden Experimente angewandt wird. Bei den Experimenten, die der Theorie nach auch quantitativ durchführbar sind, wird eine Analyse diesbezüglich jedoch durchgeführt. Fällt die Analyse positiv aus, wird eine exemplarische quantitative Messung vorgenommen und im Vergleich mit der Theorie bewertet.

6.2 Testung und Analyse der Interferometer

6.2.1 Michelson-Interferometer

Der getestete Aufbau des Michelson-Interferometers ist in Abbildung 31 zu sehen. Durch die Positionsvorlage lässt sich das Experiment besonders schnell und problemlos Aufbauen (S2). Der zweite Schirm hinter dem Laser stellt sicher, dass auch der nicht benötigte Anteil des reflektierten Strahls nicht austreten kann und somit niemanden gefährdet (S1). Die Abstände der Instrumente sind einerseits so eng gewählt, dass Schülerinnen und Schüler das ganze Experiment mit einem Blick überschauen können. Andererseits sind die Instrumente noch weit genug voneinander entfernt, sodass sie sich nicht gegenseitig überdecken und die freie Sicht einschränken (S4). Dank der in der Positionsvorlage eingezeichneten optimalen Strahlengänge wird die Grobjustage sehr vereinfacht. Auch die vorgegebenen Abstände der Spiegel zum Strahlteiler sorgen dafür, dass der Aufbau (im Falle eines unscharfen Ergebnisses) nicht nachträglich optimiert werden muss. Dennoch erfordert die Feinjustage ein gewisses Geschick, da die Flächen beider Teilstrahlen ganz genau überlagert werden müssen, um ein aussagekräftiges Ergebnis

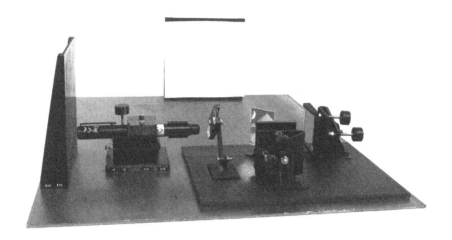

Abbildung 31: *Experimenteller Aufbau des Michelson-Interferometers mit Unterstützung der Positionsvorlage.*

zu erhalten. Daher kann das Experiment mit Positionsvorlage in die Stufe S3-II eingeordnet werden. Das Michelson-Interferometer lässt sich durchaus auch ohne Positionsvorlage aufbauen. Hier benötigt der Aufbau durch einen erhöhten kognitiven Aufwand bezüglich der Anordnung der Instrumente mehr Zeit. Außerdem kann es im Zuge der Justage zu der Erkenntnis kommen, dass der Aufbau korrigiert werden muss. Dazu können unterschiedliche Abstände der Spiegel zum Strahlteiler sowie mangelnde Parallelität zu einem suboptimalen Ergebnis führen, welches die Feinjustage erschwert. Diese Variante ist daher in die Kategorie S3-III einzuordnen.

Das Michelson-Interferometer liefert zunächst einmal qualitative Ergebnisse, welche in Abbildung 32 dargestellt sind. Wird das Experiment wie geplant auf einem Whiteboard durchgeführt, können äußere Einflüsse (umher laufende Schüler, Bauarbeiten im Gebäude, nahegelegener Bahnverkehr etc.) zu Schwankungen und einem verwischenden Muster führen. Außerdem unterliegt das Interferenzmuster einer andauernden leichten Veränderung, die durch das geringfügig biegsame Whiteboard verursacht wird (E1-I). Eine

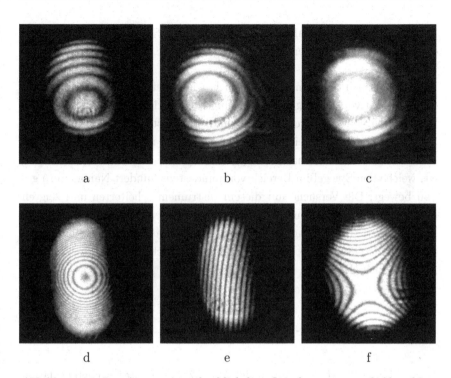

a b c

d e f

Abbildung 32: *Interferenzmuster des Michelson-Interferometers. a, b: klare Muster bei optimaler Justage. c: verschwommenes Muster aufgrund äußerer Einflüsse oder mangelnder Parallelität der Teilstrahlen zwischen Strahlteiler und Schirm. d: Sehr feines Muster, entsteht durch zu große Weglängendifferenzen. e: äußere Ringe, weit entfernt vom Zentrum des Musters. f: hyperbolisches Muster, entsteht durch Fehler oder Krümmungen in den optischen Materialien.*

wesentliche Optimierung stellte in der Testung die Verwendung einer 3 mm dicken Stahlplatte als Grundlage dar. Wird das Interferometer auf einer solchen starren Platte aufgebaut, erscheint das Muster klar und stabil (E1-II). Die Qualität des Musters ist weiter davon abhängig, wie parallel die Teilstrahlen zwischen Strahlteiler und Schirm verlaufen und wie groß die Weglängendifferenz ausfällt. Je mehr von der Parallelität abgewichen wird und je größer die Weglängendifferenz ist, desto feiner ist das Muster. Außerdem kann es aufgrund von Produktions- oder Montagefehlern zu fehlerhaften optischen Materialien (Linse, Strahlteiler, Spiegel) kommen, sodass ein hyperbolisches Muster entsteht.

Das Michelson-Interferometer eignet sich, wie in der Theorie erläutert, auch für quantitative Messungen, indem einer der beiden Spiegel parallel zum Strahlengang bewegt wird. Im Rahmen dieser Masterarbeit wurde auch ein Versuch vorgenommen, einen beweglichen Spiegel zu entwickeln. Die Konstruktion ist verhältnismäßig kompliziert, da eine Übersetzung notwendig ist, welche den Spiegel im Bereich von mindestens hundert Nanometern genau bewegt. Die Versuche mit diesem Instrument scheiterten und zeigten deutlich, dass das Problem die Berührung des Instruments darstellt, da diese eine dauerhafte Störung im Mikrometerbereich auslöst. Eine quantitative Auswertung dieses Versuchs ist mit den hier entwickelten Instrumenten also nicht möglich (~~E2~~).

6.2.2   Mach-Zehnder-Interferometer

In Abbildung 33 ist der Aufbau des Mach-Zehnder-Interferometers dargestellt. Da dieses zwei Ausgänge für den Laserstrahl besitzt, werden beide zum Schutz der Augen durch je einen Schirm unterbrochen (S1). Der Aufbau gestaltet sich durch die Positionsvorlage wie beim Michelson-Interferometer sehr einfach (S2). Auch hier wurden die Abstände so gewählt, dass alle Instrumente gut einsehbar sind und der Aufbau dennoch überschaubar bleibt (S4). Es empfiehlt sich, zur Justage und Beobachtung den hinteren Schirm (vgl. Abb. 33, Schirm mit Millimeterpapier) zu verwenden. Einerseits bekommt der Aufbau so eine geradlinige Struktur, welche die Nachvollziehbarkeit für die Schülerinnen und Schüler unterstützt (S4). Andererseits bildet dieser Strahlengang eine deutlichere Struktur im Muster aus, da beide Teilstrahlen je einmal durch einen Strahlteiler reflektiert und einmal transmittiert werden (E1). Aufgrund der Tatsache, dass die Strahlteiler nicht zwingend ein ganz genaues Verhältnis von 50:50 besitzen, ergibt sich auf dem anderen Schirm ein ungleiches Intensitätsverhätnis. Somit entsteht ein nicht ganz scharfes Muster, denn der eine Teilstrahl wird

Abbildung 33: Experimenteller Aufbau des Mach-Zehnder-Interferometers mit Unterstützung der Positionsvorlage.

zweimal transmittiert, der andere zweimal reflektiert. In der Durchführung der Justage ist das Mach-Zehnder-Interferometer anspruchsvoller als das Michelson-Interferometer. Es müssen zwar theoretisch wie beim Michelson-Interferometer nur beide Teilstrahlen überlagert werden, doch in der Praxis zeigt sich, dass eine wesentlich genauere Überlagerung dieser beiden vonnöten ist, um ein Interferenzmuster ansatzweise zu erkennen. Um das Zentrum des Musters zu finden, ist ein sehr hohes Maß an Feingefühl erforderlich. Aufgrund der höheren Empfindlichkeit können sich auch leichte Abweichungen im Aufbau stark auf die Erkennbarkeit des Musters auswirken. Da die Positionsvorlage ein kleines Spiel von etwa einem Millimeter zulässt, spielt es durchaus eine Rolle, ob die beiden Spiegel an der jeweils gleichen Kante (beide an der Vorderkante oder beide an der Hinterkante) ausgerichtet werden oder nicht, da dies große Auswirkungen auf die Parallelität der Strahlen hat (vgl. Abschnitt 3.2.2) Sollte sich trotz optimaler Überlagerung der Teilstrahlen nur ein schwaches Muster zu erkennen geben, wäre es von Vorteil, die Spiegel innerhalb des Spiels leicht zu variieren und neu zu justieren. Aufgrund dieses verhältnismäßig hohen Justage-Aufwands wird das Mach-Zehnder-Interferometer bezüglich der Durchführung in die Stufe S3-III eingeordnet. Dieses Interferometer kann auch ohne Positionsvorlage aufgebaut werden. Die oben genannten Schwierigkeiten bei der Justage vergrößern sich dabei jedoch abermals, weshalb dies nicht ohne Bedacht von den Schülerinnen und Schülern gefordert werden sollte.

Der hohe Aufwand in der Justage macht sich im Ergebnis bezahlt, denn das Mach-Zehnder-Interferometer liefert sehr klare Muster (vgl. Abb. 34). Analog zum Michelson-Interferometer gelten hier gleiche Bedingungen bezüglich des Whiteboards (E1-I) und der Stahlplatte (E1-II). In der Testung zeigte sich, dass das Mach-Zehnder-Interferometer im Vergleich zu jenem wesentlich größere Extrema ermöglicht, sodass beinahe die gesamte beleuchtete Fläche ausgefüllt wird. Erfolgt die Justage anhand des hinteren Schirms, kann zur Analyse beider Ausgänge nun auch der zweite Schirm in die Beobachtung mit einbezogen werden. Wie in 3.2.2 erläutert, wird im Vergleich der Muster die Phasenverschiebung deutlich. Eine quantitative Auswertung ist mit diesem Mach-Zehnder-Interferometer nicht möglich (E2).

Dafür ist es aber mit vergleichsweise einfachen Mitteln möglich, ein Anwendungsgebiet der Interferometrie zu veranschaulichen. Wird eine Kerze in der Nähe einer der Teilstrahlen positioniert, so ist eine Veränderung des Musters sichtbar (E1-I). Aufgrund der Temperaturschwankungen und der damit einhergehenden Änderung des Brechungsindexes, wird die optische Weglänge dieses Teilstrahls in Abhängigkeit von der Entfernung zur Kerze

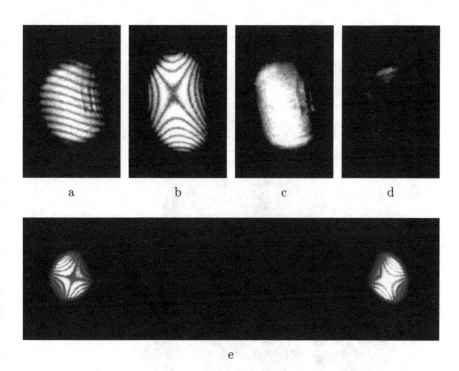

Abbildung 34: *Interferenzmuster des Mach-Zehnder-Interferometers. a: Klar erkennbare Interferenzstreifen eines gut justierten Aufbaus. b: Auch ein durch fehlerhafte Materialien entstehendes hyperbolisches Muster ist deutlich zu erfassen. c, d: Bei einem optimal eingestellten Interferometer sind die Extrema nahe des Zentrums so breit, dass sie den Laserstahl fast komplett ausfüllen. Das Bild c zeigt ein Maximum, d ein Minimum. e: Vergleich der Muster beider Ausgänge. Die Verschiebung der Phase um eine halbe Periode ist eindeutig ersichtlich.*

verändert. Hält man einen hitzebeständigen Gegenstand zwischen die Kerze und den Teilstrahl, ist eine langsame Normalisierung des Musters erkennbar. Wichtig ist, dass der Aufbau selbst dabei nicht berührt wird, damit die Schülerinnen und Schüler von der Kerze als Verursacher überzeugt sind (E1-II). Dieses qualitative Experiment kann zum Verweis auf die Messung eines räumlichen Temperaturprofils mittels Interferometer verwendet werden (vgl. Kapitel 3.2.2).

Abbildung 35: *Experimenteller Aufbau des Sagnac-Interferometers mit Unterstützung der Positionsvorlage.*

6.2.3   Sagnac-Interferometer

Auch das Sagnac-Interferometer lässt sich mithilfe der Positionsvorlage schnell aufbauen (S2) (vgl. Abb. 35). Ein zweiter Schirm verhindert ein Austreten des Strahls, wodurch der Laser keine Gefahr für umstehende Schülerinnen und Schüler darstellt (S1). Wie beim Mach-Zehnder-Interferometer wurde auch hier der Ausgang gewählt, bei dem beide Teilstrahlen je einmal transmittiert und einmal reflektiert werden, um ein optimales Ergebnis zu erhalten (E1). Dies sorgt beim Sagnac-Interferometer dafür, dass der Schirm hinter dem Laser positioniert werden muss, was der Übersichtlichkeit schadet (S4). Alternativ kann eine Lehrkraft auch den anderen Schirm zur Beobachtung wählen, was zu einem eventuell weniger klaren Muster, aber besserem Überblick führen würde (E1, S4). In der Justage verhält sich das Sagnac-Interferometer genau gegensätzlich zum Michelson- und Mach-Zehnder-Interferometer. Da beide Teilstrahlen denselben Weg nehmen, also jeder Spiegel beide Wege gleichermaßen beeinflusst, spielt es nur eine untergeordnete Rolle, in welchem Abstand die Spiegel zueinander stehen. Daher ist ein Aufbau ohne Positionsvorlage kaum nachteilig und stellt keine besonderen Ansprüche an die Schülerinnen und Schüler. Das Überlagern der Teilstrahlen hingegen gestaltet sich als komplizierter im Vergleich zu den beiden anderen Interferometern. Denn aus dem gleichen Grund – jeder Spiegel beeinflusst beide Teilstrahlen – werden mit dem Verstellen eines Spiegels beide auf dem Schirm erscheinenden Punkte verschoben. Auf den ersten Blick stellt dies eine große Herausforderung dar. Wird den Schülerinnen und Schülern jedoch durch eine kurze schriftliche oder mündliche Anleitung erklärt, wie bei der Justage strukturiert vorgegangen werden kann, verringert sich diese Hürde um einiges. Die Durchführung lässt sich somit je nach Planung der Lehrkraft in die Stufen S3-II oder S3-III einordnen.[34]

Das Interferenzmuster des Sagnac-Interferometers zeichnet sich durch besondere Stabilität aus. Dies liegt darin begründet, dass sich die durch äußere Einflüsse gestörten Spiegelpositionen auf beide Teilstrahlen auswirken. Die Änderungen der Weglängen beider Teilstrahlen gleichen sich daher größtenteils aus, weshalb das Muster stabil bleibt. Durch diese Stabilität lässt sich ein klar erkennbares Muster auch auf dem Whiteboard realisieren (E1-II) (vgl. Abb. 36). Dadurch, dass beide Teilstrahlen fast genau dieselbe Weglänge besitzen, ist sogar ohne Aufweitung durch die Linse ein Wechsel zwischen den Minima und Maxima auf dem Schirm klar erkennbar; der Punkt leuchtet hell auf oder verschwindet beinahe ganz. Durch Positionie-

---

[34]Weitere Möglichkeiten des unterrichtlichen Einsatzes und insbesondere der Differenzierung werden in Kapitel 8.3 ausführlich behandelt.

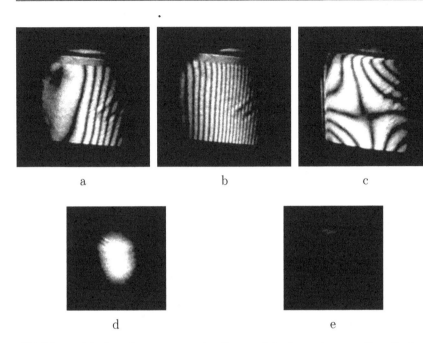

a   b   c

d   e

Abbildung 36: *Interferenzmuster des Sagnac-Interferometers. a: Das Zentrum des Interferenzmusters ist oben links zu erkennen. b: Mit zunehmender Entfernung vom Zentrum nimmt die Breite der Extrema von links nach rechts hin ab. c: Durch fehlerhaftes Material entstandenes hyperbolisches Interferenzmuster. d, e: Wird die Linse hinter den Spiegeln positioniert, bedecken die Extrema die komplette beleuchtete Fläche. d zeigt ein Maximum, e ein Minimum.*

rung der Linse hinter den Spiegeln lässt sich dieser Effekt vergrößert darstellen (vgl. Abb. 36 unten). Eine quantitative Untersuchung ist mit dem Sagnac-Interferometer nicht möglich (E2).

6.2.4   Jamin-Interferometer

Für das Jamin-Interferometer (vgl. Abb. 37) ist aufgrund der beweglichen Plexiglasscheibe keine Positionsvorlage vorgesehen. Dies ist nicht weiter problematisch, denn bei der Vorbereitung ist einzig darauf zu achten, dass die

Abbildung 37: *Experimenteller Aufbau des Jamin-Interferometers. Die Linse ist hier in der Position, um ein optimales Interferenzmuster zu sehen (vgl. Abb. 38 links). Für die quantitative Messung ist es besser, sie zwischen der beweglichen Plexiglasscheibe und dem Schirm zu positionieren (vgl. Abb. 38 rechts).*

beiden Plexiglasscheiben möglichst parallel zueinander stehen. Eine Einhaltung bestimmter Abstände ist nicht vonnöten, was den Aufbau sehr vereinfacht (S2). Konstruktionsbedingt lassen die Halterungen der Scheiben ein Ausbrechen des Strahls nicht zu (S1). Durch das Auftreffen des Lasers im 45°-Winkel entsteht ein rechtwinkliger Verlauf der Strahlen, wodurch ein geordneter Überblick gefördert wird. Die Nachvollziehbarkeit des Experiments wird dadurch unterstützt, dass besonders dickes Plexiglas eingesetzt wird. So sind die beiden relevanten Teilstrahlen gut voneinander zu unterscheiden und können getrennt unterbrochen werden, um den Effekt der Interferenz zu veranschaulichen (mehr dazu in 8.3) (S4). Zur Durchführung sind nur zwei kurze Schritte notwendig. Zunächst muss der Laser so ausgerichtet werden, dass der Strahl beide Plexiglasscheiben etwa mittig trifft. Durch die mehrfachen Reflexionen entstehen beim Austreten mehrere Strahlen, wovon aufgrund der geringen Intensität des Lasers nur die ersten drei sichtbar sind (vgl. 3.2.4). Im zweiten Schritt ist die Linse hinter dem Laser in den Strahlengang einzubringen. Diese beiden Schritte erfordern keine hohe Präzision, weshalb ein ausreichendes Ergebnis leicht und schnell erreicht werden kann (S3-I). Ist ein optimales Interferenzmuster gewünscht, kann es vonnöten sein, die Parallelität der Scheiben zu korrigieren. In diesem Fall ist die Durchführung in die Stufe S3-II einzuordnen.

In Abbildung 38 sind die qualitativen Ergebnisse dargestellt. Ein Ergebnis auf dem Niveau E1-I ist in jedem Falle gesichert, ein hochwertiges Muster (E1-II) kann durch wenig Mehraufwand erreicht werden. Besonders hervorzuheben ist die Stabilität dieses Musters. Da das Muster nicht von dem Abstand der beiden Scheiben, sondern von deren Winkel zueinander abhängt, ist es besonders Resistent gegenüber äußeren Einflüssen. Das Whiteboard als Unterlage genügt den Ansprüchen in vollem Umfang. Als Kritikpunkt muss erwähnt werden, dass die Intensität des Musters im Vergleich mit den anderen Interferometern sehr gering ist. Dies lässt sich dadurch erklären, dass die Reflexion der Strahlen nicht an Spiegeln stattfindet, sondern lediglich an den Grenzflächen von Plexiglas und Luft, welche einen wesentlich geringeren Reflexionskoeffizienten besitzen. Dieser Nachteil kann im unterrichtlichen Einsatz durch eine etwas stärkere Verdunklung des Raumes oder eine geringere Vergrößerung des Musters ausgeglichen werden.

Das Jamin-Interferometer eignet sich auch für eine quantitative Auswertung. Dabei wird durch das Drehen des Stellrades der Winkel zwischen den Scheiben verändert und im Muster ist nach 3.2.4 eine Verschiebung der Maxima sichtbar. Über den Drehwinkel und die Anzahl der Maxima lässt sich dann die Wellenlänge des Lichts bestimmen. In der Praxis zeigen

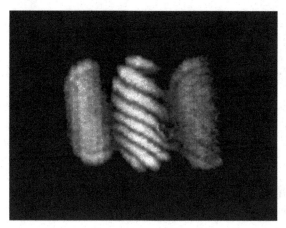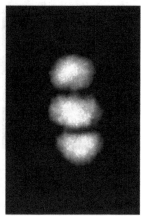

Abbildung 38: Interferenzmuster des Jamin-Interferometers. Links: In der Mitte ist das Muster des qualitativen Versuchs zu sehen, wenn die Linse vor den Plexiglasscheiben positioniert wird. Das Zustandekommen der Flächen links und rechts daneben ist in Kapitel 3.2.4 erläutert. Rechts: Das Muster bei hinter den Scheiben positionierter Linse. Durch die größere Ausbreitung und die geringere Anzahl der Maxima ist eine quantitative Auswertung leichter möglich. Rechts und links sind hier keine Flächen zu sehen, da diese Strahlengänge nicht durch die Linse vergrößert, sondern abgedeckt werden.

sich bei diesen beiden Faktoren Schwierigkeiten. Das Drehen am Stellrad stellt einen störenden Eingriff in das Experiment dar, welcher jedoch um einiges Schwächer als beim Michelson-Interferometer ausfällt. Dieser Effekt lässt sich stark minimieren, indem das Rad in einer Bewegung ohne Absetzen oder Umfassen sehr langsam und gleichmäßig gedreht wird. Die zweite Schwierigkeit ist die Zählung der Maxima, da die Änderung recht schnell vonstattengeht. Um diesen Vorgang zu vereinfachen, sollte zunächst die Linse hinter den Plexiglasscheiben positioniert werden. So sind nur wenige breite Interferenzstreifen zu sehen, deren Bewegung leichter zu untersuchen ist (vgl. Abb. 38 rechts). Für die konkrete Zählung gibt es dann zwei mögliche Varianten. In der ersten Variante wird das Wandern der Maxima klassisch auf dem Schirm gezählt. Millimeterpapier und Markierungen können dabei helfen. Die zweite Variante ist technisch aufwändiger, erleichtert aber

Abbildung 39: *Aufnahmen des Musters mit der Kamera des Smartphones zur quantitativen Auswertung. Trifft ein Maximum (links) in die Linse, erscheint der Laserstrahl wesentlich heller als bei einem Minimum (rechts).*

die Zählung. Dabei wird ein Smartphone in den hierfür entwickelten Halter eingesetzt und der Schirm durch das Smartphone ersetzt, sodass die Kamera im Strahlengang liegt. Liegt die Linse der Kamera in einem Maximum, so erscheint ein hell erleuchteter Punkt, bei einem Minimum wird dieser erkennbar dunkler (vgl. Abb. 39). Über den Abstand zwischen Linse und Smartphone lässt sich dieser erkennbare Unterschied zu einem Optimum variieren. Die Zählung kann dann entweder direkt vorgenommen werden oder optimaler Weise über eine Videoaufnahme der Änderung, welche in verminderter Geschwindigkeit abgespielt wird. Beide Varianten erfordern einen hohen Aufwand in der Durchführung (S3-III). Die erstere ist weniger technisch, dafür sind Aufgrund der hohen Fehleranfälligkeit Beharrlichkeit und mehrere Durchgänge notwendig. Bei der letzteren wird mehr Zeit für den Aufbau und die Ausrichtung benötigt, die Auswertung ist jedoch wesentlich einfacher und genauer.

In der exemplarischen Messung wurde die zweite Variante für eine quantitative Auswertung gewählt. Bei fünf Messdurchgängen á einer halben Drehung des Rades ($U = 0,5$) wurden $n_{1...5} = 19, 18, 19, 20, 18$ Maxima gezählt. Dies ergibt mit einem Mittelwert von $n = 18,8$ über Formel 15 eine Wellenlänge von

$$\lambda = \frac{U}{n} \cdot 2 \cdot 10^4 \, \text{nm} = \frac{0,5}{18,8} \cdot 2 \cdot 10^4 \, \text{nm} \approx 532 \, \text{nm}.$$

Im Rahmen der in der Theorie erläuterten Ungenauigkeiten stellt dieser Wert ein akzeptables Ergebnis im Vergleich mit der angegebenen Wellenlänge von etwa 650 nm dar. Wie dort ebenfalls begründet wurde, weicht das Ergebnis in erwarteter Weise nach unten ab. Neben den Näherungen sind folgende durch den Aufbau bedingte Quellen für Abweichungen nicht auszuschließen. Durch das Drehen der Scheibe bewegen sich nicht nur die Maxima innerhalb des Musters, sondern auch das Muster selbst wird ein wenig bewegt. Dies kann bei der Messung mit dem feststehenden Smartphone zu einer Abweichung von etwa einem zu viel gezählten Maximum führen. Sollte die Bewegung der Scheibe über den Untergrund aufgrund des auftretenden Wechsels zwischen Haft- und Gleitreibung etwas hakelig ablaufen, könnten Maxima in der Zählung übersehen werden. Auch eine Abweichung vom 45°-Winkel bringt durch den größeren oder kleineren Abstand der Teilstrahlen eine Unsicherheit ein. Zuletzt ist nicht sicher davon auszugehen, dass die reale Drehachse genau in dem gedachten Punkt liegt. Dieses Ergebnis bestätigt im Zusammenhang mit weiteren Experimenten aber, dass sich die quantitative Auswertung durchaus im Rahmen der für den Physikunterricht geforderten Genauigkeit durchführen lässt (E2).

Beispielhaft wird das Jamin-Interferometer auch mit dünneren Scheiben getestet. Dazu werden die Rückseiten der Vorderflächen-Glasspiegel dieses Sets verwendet. Die Strahlen reflektieren demnach sowohl an der Glasschicht als auch an der verspiegelten Seite. Auch hier lässt sich ein Interferenzmuster erkennen. Aufgrund der deutlich geringeren Dicke der Scheiben liegen die beiden Teilstrahlen viel näher beieinander. Dies würde für die quantitative Messung nach Abschnitt 3.2.4 einen Vorteil bieten, da eine Drehung sich so viel weniger auf die Weglängendifferenz auswirkt. Aus didaktischer Sicht überwiegt jedoch der Nachteil, dass die beiden Strahlen aufgrund ihrer Nähe praktisch nicht mit bloßem Auge unterscheidbar sind und so der Aufbau eine unverständliche Black-Box für die Schülerinnen und Schüler darstellen würde.

6.3   Testung und Analyse des Fresnel-Doppelspiegels

Der experimentelle Aufbau zum Fresnel-Doppelspiegel ist in Abbildung 40 dargestellt. Da keine weitere Reflexion außer die auf dem Schirm zu beobachtende auftritt, geht vom Laserstrahl keine Gefahr für Schülerinnen und Schüler aus (S1). Beim Aufbau des Experiments ist einzig zu beachten, dass der Laserstrahl in einem beinahe rechten Winkel zum Lot auf den Doppelspiegel trifft. Ansonsten sind keine speziellen Abstände oder Ausrichtungen einzuhalten, was den Aufbau einfach und schnell gestaltet (S2). Durch die in eine Richtung nacheinander angeordneten Instrumente ist die Struktur des Versuchs für Schülerinnen und Schüler gut nachvollziehbar (S4). Auch die Durchführung erweist sich als wenig komplex. In der Justage ist zunächst der Laserstrahl genau auf die Lücke zu richten, was durch die Stellschrauben am Laser keine Schwierigkeiten bereitet. Anschließend muss die Linse in den Strahlengang gebracht werden und es wird ein Interferenzmuster auf dem Schirm erscheinen. Über das Stellrad lässt sich der Winkel der beiden Spiegel zueinander verändern, wodurch eine Änderung des Musters sichtbar wird. Da der Doppelspiegel sehr stabil konstruiert ist und das Stellrad einen großen Durchmesser besitzt, ist dieser Prozess ebenfalls einfach (S3-I).

In der qualitativen Untersuchung des Musters zeigt sich, dass der Abstand der Maxima abnimmt, je mehr die Spiegel gegeneinander verkippt werden (vgl. Abb. 41). Liegen beide Teilstrahlen auf dem Schirm genau übereinander, ist ein sehr klares Interferenzmuster zu erkennen (E1-II). Quantitative Analysen sind mit diesem Aufbau theoretisch möglich. Sie stellen aber einen im Vergleich zum geringen Mehrwert so hohen Aufwand für die Schülerinnen und Schüler dar, dass es wenig sinnvoll erscheint, diese im Unterricht durchzuführen (E2).

Abbildung 40: *Experimenteller Aufbau des Versuchs zum Fresnel-Doppelspiegel.*

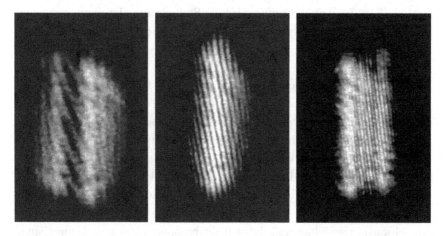

Abbildung 41: *Interferenzmuster des Fresnel-Doppelspiegels. Links: Die Spiegel sind annähernd parallel, es zeigt sich ein grobes Muster zwischen den beiden Teilstrahlen. Mitte: Die Spiegel sind so gegeneinander verkippt, dass beide Teilstrahlen auf dem Schirm übereinander liegen. Ein Interferenzmuster ist über die gesamte Fläche klar erkennbar. Rechts: Die Spiegel sind so stark gegeneinander verkippt, dass die Teilstrahlen sich vor dem Schirm kreuzen. Zwischen ihnen ist ein sehr feines Muster auf dem Schirm zu sehen.*

6.4 Testung und Analyse der Interferenz an dünnen Schichten

Zur Untersuchung der Interferenz an dünnen Schichten wird der Laser so positioniert, dass er in einem nahezu lotrechten Winkel auf das dafür vorgesehene Instrument gerichtet ist. Über die Linse wird das reflektierte Licht vergrößert auf den Schirm geworfen (vgl. Abb. 42). Auch bei diesem Aufbau kann der Laserstrahl wegen der besonderen Konstruktion des Dünnschicht-Instruments nicht aus dem Experiment entweichen. Es müssen keine festen Abstände oder Winkel eingehalten werden, sodass der Versuch sicher und einfach aufzubauen ist (S1, S2). Die Anordnung der Instrumente ist nicht so übersichtlich wie beim Fresnel-Doppelspiegel, dennoch bleibt er aufgrund der geringen Anzahl an Instrumenten für Schülerinnen und Schüler nachvollziehbar (S4). Zur Durchführung wird die Stellschraube langsam angezogen (S3-I), wobei das sich verändernde Muster beobachtet werden kann (vgl. Abb. 43).

Ist die Schraube noch nicht angezogen, zeigt sich keine Interferenz. Durch Festziehen nimmt die Kraft auf den Spiegel zu und die Luftschicht zwischen diesem und der Plexiglasscheibe wird dünner; langsam wird ein Interferenzmuster erkennbar. Bei sehr fest angezogener Schraube ist die Luftschicht so dünn, dass sie wesentlich kleiner als die Wellenlänge des Lasers ist. Nach Abschnitt 3.4 interferieren die Strahlen daher destruktiv, was an dem großen dunklen Fleck in der Mitte des Musters ersichtlich ist. Dieses Minimum ist besonders gut zu erkennen; da jedoch die übrigen Maxima und Minima nur schwach ausgebildet und daher nicht besonders klar zu erkennen sind, genügt das Ergebnis nur der Stufe E1-I. Eine quantitative Auswertung ist mit diesem Instrument aus den selben Gründen wie beim Fresnel-Spiegel nicht sinnvoll (E2).

Abbildung 42: *Aufbau des Experiments zur Interferenz an dünnen Schichten.*

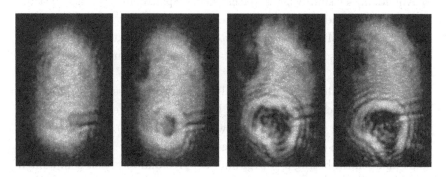

Abbildung 43: *Muster der Interferenz an dünnen Schichten. Von links nach rechts wird die Stellschraube fester angezogen und ein Interferenzmuster wird sichtbar. Bei fest angezogener Schraube ist an dem großflächigen Minimum gut erkennen, dass die Dicke der Luftschicht wesentlich kleiner als die Wellenlänge des Lasers sein muss und somit maximal noch einige Nanometer betragen kann.*

6.5   Testung und Analyse der Interferenz durch Beugung an Spalt und Gitter

6.5.1   Verstellbarer Einzelspalt

Um ein Interferenzmuster der Beugung am Einzelspalt zu erhalten, muss dieser lediglich mit dem Laser beleuchtet werden (S2). Sicherheitstechnisch ist dieser Versuch etwas problematischer, da für ein gut erkennbares Muster der Weg zwischen Spalt und Schirm über eine Tischlänge hinaus gehen sollte. Wird dieser Bereich jedoch gut ersichtlich gekennzeichnet oder für Schülerinnen und Schüler, die nicht an diesem Versuch mitwirken, abgesperrt, kann dieses Experiment als sicher eingestuft werden (S1). Durch die minimale Komplexität dieses Experiments ist es leicht nachvollziehbar (S4). Die Durchführung zur Erzeugung eines Interferenzmusters, welches sich je nach Spaltbreite ändert, dürfte kaum Probleme bereiten, da ausschließlich die Stellschraube angezogen oder gelöst werden muss (S3-I).

In Abbildung 44 sind Muster verschiedener Spaltbreite zu sehen. Da die Maxima aufgrund der begrenzten Druckgenauigkeit leicht unscharf sind und weitere störende Muster durch ungewollte Beugungseffekte auftreten, kann die Qualität dieses Musters nur in E1-I eingestuft werden.

Mit dem Einzelspalt lassen sich ebenfalls quantitative Messungen durchführen (E2). So kann nach Abschnitt 3.5.1 beispielsweise die eingestellte Breite über die Abstände der Maxima (wahlweise auch Minima) ermittelt werden. Hierzu wurde auch eine Probemessung durchgeführt. Der Abstand zwischen Spalt und Schirm betrug $a \approx 3100\,\mathrm{mm}$, der Abstand zwischen dem nullten und dem fünften Maximum $b_5 \approx 45\,\mathrm{mm}$. Somit ergibt sich nach Formel 21 eine Spaltbreite von

$$d = \frac{(2n+1)\lambda}{2} \cdot \frac{a}{b_n} = \frac{(2 \cdot 5 + 1) \cdot 650}{2} \cdot \frac{3100}{45} \cdot 10^{-6}\,\mathrm{mm} \approx 0,25\,\mathrm{mm}.$$

Dieses Ergebnis war nicht nachprüfbar, da eine direkte mechanische Messung so sehr in das System eingegriffen hätte, dass die Spaltbreite merklich

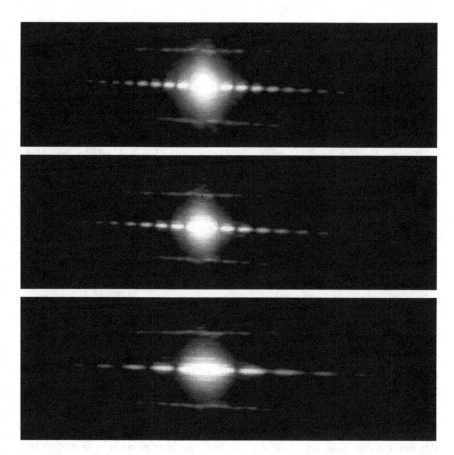

Abbildung 44: *Interferenzmuster der Beugung am Einzelspalt. Von oben nach unten wird der Spalt enger geschraubt, sodass die Extrema weiter auseinander liegen. Die Linien ober- und unterhalb der Muster entstehen vermutlich durch Beugung an kleinen Rillen, die druckbedingt zwischen den einzelnen Schichten des Filaments entstehen.*

verändert worden wäre. Ein Vergleich mit einem um 0,25 mm geöffneten Messschieber zeigte aber eine ähnliche Spaltbreite. Da für die Messung der Abstände ein gewisses Geschick vonnöten ist, wird der quantitative Versuchsteil in S3-II eingestuft.

6.5.2 CD-Gitter

Analog zum Einzelspalt besteht der Versuch zur Beugung am Transmissionsgitter auch aus nur drei Instrumenten (vgl. Abb. 45 links). Damit ist er ebenfalls leicht aufzubauen und überschaubar (S2, S4). Abweichend ist hier durch die geringere Entfernung des Schirms zur CD eine höhere Sicherheit in diesem Bereich gewährleistet, da der gesamte Versuch wieder auf kleiner Fläche durchgeführt werden kann. Andererseits reflektiert die CD auch einen Teil des Laserlichts, weshalb sich in dem Bereich vor der CD keine Personen aufhalten sollten. Da das reflektierte Licht ebenfalls der Beugung unterliegt, ist es nicht komplett durch einen Schirm abzuhalten. Somit muss auch hier wieder auf eine Absperrung des Bereichs zurückgegriffen werden, damit die Sicherheit der Schülerinnen und Schüler gewährleistet ist (S1). Im qualitativen Versuchsteil ist nach dem Aufbau keine weitere Durchführung notwendig (S3-I). Auf dem Schirm sind bei passend gewähltem Abstand das nullte Hauptmaximum sowie die ersten Hauptmaxima zu erkennen (vgl. Abb. 45 Mitte). Da die Intensität des Lasers recht gering ist, sind weitere Maxima nur zu erkennen, wenn der Schirm auf wenige Zentimeter nah an die CD herangeführt wird. Deshalb erfolgt die Einstufung nur in E1-I. Die CD kann selbstverständlich auch als Reflexionsgitter verwendet werden. Vorteilhaft ist hier die höhere Intensität, sodass auch die Maxima zweiter Ordnung sichtbar werden. Um diese allerdings beobachten zu können, muss der Schirm ebenfalls sehr nah die CD herangeführt werden, was das Sichtfeld stark einschränkt. Zudem ist der Nachteil des Reflexionsgitters, dass der Laser nicht genau lotrecht auf die CD fallen kann, weshalb das Muster leicht verzerrt und damit schwieriger nachvollziehbar wird (vgl. Abb 45 rechts). Ein weiterer Störfaktor kommt durch mehrfache Reflexionen an den Schichten der CD zustande, sodass die Maxima verwischen oder im Extremfall eine Unterstruktur ausbilden, die zu Verwirrungen bei den Schülerinnen und Schülern führen kann.

Soll der Versuch quantitativ ausgewertet werden, müssen analog zum Einzelspalt die Abstände zwischen den Maxima sowie der Abstand zwischen CD-Gitter und Schirm bestimmt werden. Wegen der oben genannten Ver-

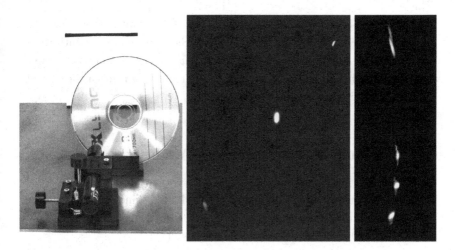

Abbildung 45: *Beugung am CD-Gitter. Links: Aufbau des Experiments als Trans-missionsgitter. Es wird die unbedruckte Stelle der CD beleuchtet. Mitte: Interfe-renzmuster der Beugung am Transmissionsgitter. Im Zentrum befindet sich das nullte Hauptmaximum, unten links und oben rechts je das erste Hauptmaximum. Rechts: Interferenzmuster der Beugung am Reflexionsgitter. Das zweite von unten ist das nullte Hauptmaximum, darüber und darunter befinden sich die Hauptmaxi-ma erster Ordnung, ganz oben ist ein Hauptmaximum zweiter Ordnung zu sehen.*

zerrung beim Reflexionsgitter und der damit verbundenen Schwierigkeiten in der Auswertung, bietet das Transmissionsgitter hier einen besonderen Vorteil. Dazu muss darauf geachtet werden, dass CD und Schirm parallel stehen und der Laser möglichst lotrecht auftrifft (S3-II). Zwischen dem nullten Hauptmaximum und dem ersten Hauptmaximum wurde in der Probedurchführung ein Abstand von $b_1 1 = 39\,\text{mm}$ gemessen, der Abstand zwischen CD und Schirm betrug $a = 80\,\text{mm}$. Nach Formel 24 aus Abschnitt 3.5.2 ergibt sich daraus eine Gitterkonstante von

$$g = \frac{n \cdot \lambda}{\sin\left(\arctan\left(\dfrac{b_n}{a}\right)\right)} = \frac{1 \cdot 0,65\,\mu\text{m}}{\sin\left(\arctan\left(\dfrac{39}{80}\right)\right)} \approx 1,5\,\mu\text{m}.$$

Im Vergleich mit dem Literaturwert von etwa $g = 1,6\,\mu\mathrm{m}$[35] zeigt sich, dass dieses Ergebnis durchaus für eine unterrichtlichen Einsatz der quantitativen Durchführung spricht (E2). Sowohl für die qualitative als auch die quantitative Durchführung sollte aus den aufgeführten Argumenten die CD als Transmissionsgitter verwendet werden.

6.6 Summative Bewertung der Analyse

Um einen Überblick über die Analyse zu erhalten, sind in Tabelle 1 die Experimente mit zugeordneter Auswertbarkeit (qualitativ/quantitativ) und der Stufe der Durchführbarkeit (I-III) aufgelistet.

Das Experimentierset ermöglicht genügend Versuche auf allen Niveaustufen der Schwierigkeit (S3). Durch Weglassen der Positionsvorlagen oder das Darreichen von Anleitungen lassen sich die Schwierigkeitsgrade weiter variieren. Somit bildet das hier entwickelte Set eine hervorragende Grundlage für den Unterricht in heterogenen Lerngruppen, worauf in Kapitel 8.3 vertiefend eingegangen wird. Der Aufbau der Experimente kostet nur wenig Unterrichtszeit (S2) und bleibt für die Schülerinnen und Schüler aufgrund geringer Komplexität meist übersichtlich (S4). Die auf der Beugung beruhenden Experimente benötigen besondere Aufmerksamkeit beim Thema Sicherheit, stellen unter Beachtung der Hinweise aber kein Sicherheitsrisiko für die Schülerinnen und Schüler dar. Von den restlichen Experimenten geht dank der passenden Positionierung des zweiten Schirms keine Gefährdung aus (S1). Bei den Betrachtungen zur Sicherheit muss dennoch auf einen sachgerechten Umgang mit dem Laser geachtet werden.

Wie in den Abbildungen zu sehen war, zeigen die Experimente größtenteils sehr klare Interferenzmuster (E1). Drei von den acht Experimenten lassen sich zusätzlich quantitativ auswerten (E2), wodurch eine weitere, wichtige Komponente des Physikunterrichts abgedeckt wird. Mit Ausnahme des Michelson- und des Mach-Zehnder-Interferometers lassen sich unter Verwen-

---

[35] https://de.wikipedia.org/wiki/Optisches_Gitter Abruf 11.02.2019, 21:07.

Tabelle 1: Experimente des Sets und der Schwierigkeitsrad ihrer Durchführbarkeit.

Grad der Durchführbarkeit (S3)	I	II	III
Michelson-Interferometer		a	
Mach-Zehnder-Interferometer			a
Sagnac-Interferometer		a	
Jamin-Interferometer		a	b
Fresnel-Doppelspiegel	a		
Dünnschicht-Interferenz	a		
Verstellbarer Einzelspalt	a	b	
CD-Gitter	a	b	

a: qualitatives Experiment, b: quantitatives Experiment.

dung eines Whiteboards auch keine Qualitätseinbuße erkennen, was weitere didaktische Vorteilen bietet (vgl. Kapitel 8.3). Die Interferenzmuster besitzen meist eine so hohe Intensität, dass sie schon gut unter leichter Abdunklung zu erkennen sind. Hier stellt einzig das Jamin-Interferometer eine Ausnahme dar, für welches eine stärkere Abdunklung vonnöten ist.

7 Vergleich mit herkömmlichen Instrumenten und Experimenten

Anhand der beiden vorangegangenen Kapitel lässt sich ein umfangreicher Eindruck von dem entwickelten Set gewinnen. Da es ein Ziel dieser Arbeit ist, eine kostengünstige Alternative zu herkömmlichen Lehrmitteln zu schaffen, wird in diesem Kapitel ein Vergleich zwischen diesen und den selbst entwickelten angestellt. Der Vergleich orientiert sich dabei unter anderem an den Kriterien, die in den vorangegangenen Kapiteln aufgestellt wurden, und schließt über diese hinaus weitere relevante Aspekte ein. Zur Gegenüberstellung werden Instrumente und komplette Experimente der Firmen PHYWE (PHYWE Systeme GmbH und Co. KG) und LEYBOLD (LD DIDACTIC GmbH) herangezogen, welche führende Lehrmittelhersteller für den experimentellen Physikunterricht sind. Im konkreten Vergleich werden die Artikel mit Artikelnummern genannt, über die sie in den jeweiligen Online-Shops[36] zu finden sind. Die Gegenüberstellung beruht auf theoretischer Ebene, ein experimenteller Vergleich in der Praxis wurde nicht durchgeführt.

Zu Beginn sei der preisliche Aspekt betrachtet. In Tabelle 2 sind die im Rahmen dieser Arbeit entwickelten Experimente aufgelistet. Dazu werden die entsprechenden Artikel von PHYWE und LEYBOLD sowie deren Preise dargestellt. Es wird direkt ersichtlich, dass sich diese Aufbauten in ganz anderen Preiskategorien befinden als die selbst entwickelten Experimente. Zu beachten ist, dass die Preise meist für komplette Aufbauten gelten, also nicht die Gesamtsumme aller Versuche mit den Gesamtkosten des entwickelten Sets zu vergleichen ist. Eine Schule würde es jedoch mindestens 4.000 EUR kosten, ein einzelnes Interferometer in die Sammlung aufzunehmen. Falls dies durch die begrenzten Mittel des Fachbereichs möglich sein sollte, wäre eine Einbindung in den Unterricht nur als Demonstrationsexperiment möglich, an dem längst nicht alle Schülerinnen und Schüler aktiv

---

[36]https://www.phywe.de/de/ und https://www.leybold-shop.de/, Abruf 15.02.2019, 16:32-16:56.

© Springer Fachmedien Wiesbaden GmbH, ein Teil von Springer Nature 2020
P. Schürmann, *Experimente zur optischen Interferenz aus dem 3D-Drucker*, BestMasters, https://doi.org/10.1007/978-3-658-28894-5_7

Tabelle 2: *Artikel von Lehrmittelherstellern, die den Experimenten dieser Arbeit entsprechen, und deren Preise.*

Experiment	PHYWE		LEYBOLD	
	Artikel	Preis	Artikel	Preis
Michelson-Interferometer	P2220500	4.015,66	P5.3.4.1	4.375,51
Mach-Zehnder-Interferometer	P2220800	5.315,85	P5.3.5.1	4.984,79
Sagnac-Interferometer	-	-	-	-
Jamin-Interferometer	-	-	-	-
Fresnel-Doppelspiegel	P1195000	832,99	471 05[1]	498,61
Dünnschicht-Interferenz	P2220200[2]	4.105,40	-	-
Verstellbarer Einzelspalt	P1195500[3]	737,00	460 14[1]	489,09
Gitter	P1069700	575,61	471 25[1]	115,43

Preise in Euro inklusive Mehrwertsteuer ohne Versand. Bei den Artikeln handelt es sich im komplette Versuchsaufbauten, wobei je die günstigste Variante gewählt wurde.
[1]Bei diesem Artikeln handelt es ausschließlich um ein einzelnes Instrument.
[2]Hierbei handelt es sich um ein Experiment zu Newtonschen Ringen, welches auf dem Prinzip der Interferenz an dünnen Schichten beruht.
[3]In diesem Experiment ist die Breite des Einzelspalts nicht verstellbar.

mitwirken könnten. Hingegen lässt sich mit weniger als 700 EUR ein aus sechs selbst entwickelten Sets bestehender Klassensatz realisieren, durch den in Gruppenarbeit eine Vielzahl an Schülerinnen und Schülern selbst experimentieren kann.

Auch die Anzahl der Möglichkeiten an Experimenten nimmt eine entscheidende Rolle ein. Sollen beispielsweise zu einem Interferometer noch Experimente zum Fresnel-Doppelspiegel, zum Einzelspalt und zum Gitter im Unterricht durchgeführt werden, fallen für herkömmliche Instrumente mindestens weitere 1.000 EUR an. Das Set hingegen ermöglicht sogar Experimente wie das Sagnac- oder das Jamin-Interferometer, welche von den betrachteten Herstellern nicht mal angeboten werden.

In Bezug auf andere Kriterien erhalten die wesentlich höheren Preise der Lehrmittelhersteller jedoch eine gewisse Berechtigung. So ist davon auszugehen, dass die industriell gefertigten Materialien, die größtenteils aus Metallen bestehen, eine höhere Lebensdauer sowie Stabilität und Genauigkeit beim Experimentieren aufweisen. Gerade die letzten beiden Eigenschaften führen dazu, dass die angebotenen Interferometer auch quantitative Messungen zulassen und die qualitativen Ergebnisse womöglich stabilere Interferenzmuster zeigen. Weiter muss bedacht werden, dass die Montage der selbst hergestellten Instrumente auch einen gewissen Aufwand benötigt, wohingegen die Instrumente der Hersteller zumeist direkt einsatzfähig geliefert werden.

Den Online-Shops[37] der Lehrmittelhersteller ist zu entnehmen, dass die Lieferzeit für viele Einzelteile und Instrumente mehrere Wochen beträgt. Hier zeigt sich im Falle von Reparaturen oder Neuanschaffungen ein deutlicher Nutzen der 3D-Druck-Technik, mit deren Hilfe Ersatzteile innerhalb von Stunden gedruckt werden können. Dies ist im Alltag einer Lehrkraft ein immenser Vorteil, da die experimentelle Vorbereitung selten mehrere Wochen im Voraus stattfindet. Abschließend ist ein aus didaktischer Sicht besonders relevanter Aspekt zu betrachten. Die herkömmlichen Instrumente lassen wenig Spielraum im Aufbau der Versuche, da sie starr in der Anordnung und nur auf ein konkretes Experiment zugeschnittenen sind. Dies nimmt den Schülerinnen und Schülern die Möglichkeit selbstständiges und kreatives Entwickeln experimenteller Aufbauten zu erlernen. Der durch die optische Schiene vorgegebene Weg erleichtert das passgenaue Anbringen der Instrumente so sehr, dass hier ein Lernen durch Fehler stark unterbunden wird. Die herkömmlichen Experimente zielen stark auf das Ergebnis als Lernziel ab, wohingegen durch die Freiheiten im selbst entwickelten Set vielmehr der Weg zum Ergebnis als Lernziel gefördert werden kann. Durch die Hinzugabe oder das Verbieten einer Nutzung der Positionsvorlagen kann das 3D-Druck-Set zusätzlich mehrere Differenzierungsmöglichkeiten bieten.

---

[37]ebd.

Zusammenfassend zeigen sich bei den herkömmlichen Versuchen der Lehrmittelhersteller Vorteile in der Qualität, sowohl in Bezug auf die Instrumente, als auch mit hoher Wahrscheinlichkeit auf die experimentellen Ergebnisse. Inwiefern besonders hohe Genauigkeit jedoch einen großen Mehrwert für den schulischen Einsatz bedeutet, ist fraglich. Das selbst entwickelte Set hingegen ist wesentlich günstiger, experimentell vielfältiger und kann besonders im didaktischen Bereich überzeugen.

8 Funktionale Analyse und Einsatzmöglichkeiten im Unterricht

Zum Abschluss der Arbeit werden in diesem Kapitel zuerst die Funktionen des entwickelten Sets aus fachdidaktischer Sicht analysiert und dann dessen Einsatzmöglichkeiten im Unterricht vorgestellt. Die funktionale Analyse wird anhand von Kriterien fundierter fachdidaktischer Literatur durchgeführt. Obwohl das Set speziell für Schülerexperimente ausgelegt ist, bringt es auch einige Vorteile in Demonstrationsexperimenten mit sich, die ebenfalls erläutert werden. Daraufhin werden einige Möglichkeiten der methodischen Einbindung als Schülerexperimente vorgestellt, sowie die Differenzierungsvielfalt und weiterführende Lernmöglichkeiten analysiert. Final werden zu einem ausgewählten methodischen Einsatz ausgearbeitete Materialien als Exempel präsentiert und bezüglich besonderer Vorteile untersucht.

8.1 Funktionen des entwickelten Sets

Schulische Experimente können einer Fülle an Funktionen nachkommen. Kircher et al. haben diese Funktionen durch vierzehn Kategorien strukturiert (2015, S. 229ff.). Um ein Bild von dem funktionalen Umfang des entwickelten Sets zu bekommen, wird es im Folgenden analysiert, indem diesen Kategorien (nicht abschließend) konkrete Funktionen zugeordnet werden.

1. **Ein Phänomen klar und überzeugend darstellen:**
   Alle Experimente zeigen klar ersichtliche Interferenzmuster.

2. **Physikalische Konzepte veranschaulichen:**
   Alle Experimente bezeugen zwar das Wellenkonzept des Lichts, veranschaulichen es aber nicht direkt.

3. **Grunderfahrungen aufbauen bzw. ausschärfen:**
   Anhand der Empfindlichkeit der Interferometer kann eine Grundvor-

© Springer Fachmedien Wiesbaden GmbH, ein Teil von Springer Nature 2020
P. Schürmann, *Experimente zur optischen Interferenz aus dem 3D-Drucker*,
BestMasters, https://doi.org/10.1007/978-3-658-28894-5_8

stellung für die Größenordnung der Wellenlänge sichtbaren Lichts entwickelt werden.

4. **Physikalische Gesetzmäßigkeiten direkt erfahren:**
Anhand des Experiments zum Einzelspalt wird beispielsweise direkt deutlich, dass bei einer Verengung des Spalts die Maxima einen größeren Abstand zueinander einnehmen. Auch in den Experimenten zur Dünnschichtinterferenz, zum Fresnel-Doppelspiegel und dem Jamin-Interferometer können die Gesetzmäßigkeiten durch den persönlichen Eingriff direkt erfahren werden.

5. **Theoretische Aussagen qualitativ prüfen:**
Der Theorie nach müsste ein Interferenzmuster eines Interferometers verschwinden, wenn einer der Wege blockiert wird. Dies lässt sich in allen Interferometer-Versuchen nachprüfen.

6. **Vorstellungen (Schülervorstellungen) prüfen:**
Da die Konzepte der Beugung und der Interferenz den Alltagserfahrungen der Schülerinnen und Schüler meist widersprechen, können diese anhand der Experimente (im Einsatz als Demonstrationsexperimente) überprüft werden.

7. **Physik in Technik und Alltag aufzeigen:**
Durch den Einfluss einer Kerze auf das Muster eines Interferometers kann die Anwendung mittels der Messung der Brechungsindizes von Gasen verdeutlicht werden. Anhand des Experiments zur Dünnschicht-Interferenz kann auf die Werkstoffprüfung eingegangen werden. Auch die Verwendung der CD als optisches Gitter stellt einen Bezug zwischen Alltag und Physik dar.

8. **Denkanstöße zur Wiederholung oder Vertiefung:**
Zur Vertiefung können beispielsweise die beiden Muster des Mach-Zehnder-Interferometers betrachtet und die Frage gestellt werden, weshalb sie um genau π zueinander phasenverschoben sind. Auch beim Michelson-Interferometer eignet sich die Frage zur Vertiefung, wie vollständige destruktive Interferenz mit der Energieerhaltung zusammenpasse.

9. Physikalische Vorstellungen aufbauen:

Alle Experimente können bei angemessener theoretischer Verknüpfung die Ausbildung der Vorstellung von Licht als Welle unterstützen.

10. Physikalische Gesetze quantitativ prüfen:

Durch quantitative Messungen mittels des Einzelspalts bei verschiedenen Spaltbreiten lassen sich die für die Extrema hergeleiteten Formeln überprüfen.

11. Physikalische Arbeitsweisen einüben:

Besonders bei der quantitativen Messung mit dem Jamin-Interferometer lassen sich viele verschiedene Arbeitsweisen wie sorgfältiges Messen, Auswerten der Messwerte, Fehlerbetrachtungen etc. einüben. Aber auch bei den anderen Interferometern werden Techniken wie das sorgfältige Aufbauen und Justieren der Instrumente studiert.

12. Motivieren und Interesse wecken:

Da alle Experimente Interferenzmuster zeigen, welche den Schülerinnen und Schülern meist nicht aus dem Alltag geläufig sind, eignen sie sich besonders dafür, Interesse für die Ergründung dieser neuen, unbekannten Phänomene zu wecken.

13. Nachhaltige Eindrücke vermitteln:

Gerade die Empfindlichkeit beziehungsweise Genauigkeit der Experimente kann bei Schülerinnen und Schülern einerseits einen nachhaltigen Eindruck dafür hinterlassen, wie klein die Wellenlänge des Lichts ist. Andererseits zeigen die Instrumente auch, zu welchen Leistungen bezüglich der Genauigkeit Technik in der Lage sein kann.

14. Meilensteine unserer Kulturgeschichte aufzeigen:

Auf der einen Seite eignen sich alle Experimente dazu den Meilenstein der Erkenntnis der Wellennatur des Lichts begreifbar zu machen. Auf der anderen Seite lassen sich über die Aufbauten der Interferometer experimentelle Meilensteine wie das Michelson-Morley-Experiment oder die Messung von Gravitationswellen veranschaulichen.

Auch wenn nicht alle Kategorien in großem Umfang abgedeckt werden, zeigt sich, dass das entwickelte Set ein äußerst breites Spektrum an experimentellen Funktionen ausfüllt und daher einen besonderen Mehrwert für Physikunterricht bietet.

8.2 Einsatz in Demonstrationsexperimenten

Alle mit dem Set durchführbaren Experimente eignen sich auch zu lehrerzentrierten Demonstrationszwecken. Ein besonderer Vorteil bietet sich durch die in den Instrumenten integrierten Magnete. Diese ermöglichen es, alle Experimente auch an einer Tafel aufzubauen und durchzuführen. So umgeht die Lehrkraft das bei Demonstrationsexperimenten häufig auftretende Problem, dass das auf dem Pult aufgebaute Experiment nicht für alle Schülerinnen und Schüler gut sichtbar ist. Die Lernenden können das Experiment an der Tafel alle von ihrem Platz aus gut einsehen und sich währenddessen Notizen machen, was nicht möglich wäre, wenn sie für den Versuch aufstehen und nach vorne kommen müssten. Ein weiterer Vorteil des Tafelexperiments liegt darin, dass direkt in dem Versuchsaufbau unterstützende Skizzen angefertigt werden können. Die Verknüpfung von Theorie und Experiment wird dadurch erleichtert.

Als Beispiel eignet sich die Verwendung des Mach-Zehnder-Interferometers in Form eines Analogieversuchs zum Quantenradierer vermutlich besser im Demonstrationsexperiment als im Schülerexperiment.

Wird das Set in der Unterrichtsreihe sowohl als Schüler- als auch als Demonstrationsexperiment verwendet, stellen sich weitere Vorteile heraus. Wird die Reihe beispielsweise mit einem Demonstrationsexperiment begonnen, sind die Instrumente den Schülerinnen und Schülern bei ihrer eigenen Tätigkeit bereits bekannt, was den folgenden eigenen Aufbau und das Verständnis erleichtert. Umgekehrt gilt dies auch für Demonstrationsversuche, die auf Schülerexperimente folgen. Dieser Aspekt ist nicht selbstverständlich, da

Lehrkräfte häufig andere beziehungsweise anders aussehende Instrumente als die Lernenden verwenden.

Kircher et al. ordnen Experimente anhand von drei Phasen in den Unterricht ein: Einstiegsversuche, Erarbeitungsversuche und Versuche zur Vertiefung oder zur Verständniskontrolle (2015, S. 233f.). Werden auf diesem Set beruhende Demonstrations- und Schülerexperimente kombiniert eingesetzt, eignen sich Demonstrationsexperimente besonders als Einstiegsversuche und Versuche zur Verständniskontrolle. So kann in einer Vorführung ein Phänomen gezeigt werden (beispielsweise das Verschwinden des Interferenzmusters bei Verschließen eines Weges), welches die Schülerinnen und Schüler sich dann in eigenen Experimenten verständlich erarbeiten sollen. Auch für die Vertiefungsphase eignen sich die Schülerexperimente dieses Sets durch ihre Vielfalt und Differenzierungsmöglichkeiten besonders. Am Ende der Einheit kann ein Einsatz zur Verständniskontrolle wahrscheinlich wieder besser im Plenum durchgeführt werden.

Zuletzt liegt noch ein besonderer Vorteil des Sets darin, dass sich die Versuche für eine geübte Lehrkraft besonders schnell aufbauen lassen, da das Anbringen der Instrumente ausschließlich über die Magnete funktioniert. Treten bei einer Gruppenarbeit beispielsweise bei vielen Gruppen Probleme an der gleichen Stelle auf, kann die Lehrkraft kurzfristig den Versuch an der Tafel nachstellen und über diese Intervention in der Art eines Demonstrationsexperiments Abhilfe schaffen.

8.3 Einsatz in Schülerexperimenten

8.3.1 Methodische Einbindung

Nun sollen Möglichkeiten betrachtet werden, wie sich das Set methodisch als Schülerexperimente in den Unterricht einbinden lässt. Dabei sei ausdrücklich darauf verwiesen, dass diese Darstellung nicht abschließend ist, sondern vielmehr als Denkanstoß für konkretere Einsatzmöglichkeiten dient.

Zu Beginn lässt sich die klassische Verwendung des Sets in Form arbeitsgleicher Gruppenarbeit betrachten. In dieser Variante geht eine starke Lenkung von der Lehrkraft aus, indem sie die durchzuführenden Experimente vorgibt, welche von allen Gruppen bearbeitet werden sollen. Durch die vielen Differenzierungsmöglichkeiten des Sets lassen sich weitere Aufgaben für besonders schnelle Gruppen finden, sodass die zur Verfügung stehende Zeit optimal ausgenutzt wird. Abgeschlossen wird diese Variante durch eine gemeinsame Besprechung der durchgeführten Experimente im Plenum. Der Vorteil der arbeitsgleichen Gruppenarbeit liegt einerseits in dem geringen Vorbereitungsaufwand für die Lehrkraft und andererseits darin, dass in der abschließenden Besprechung auf annähernd gleiche Erfahrungen zurückgegriffen werden kann.

Eine zweite Variante greift die arbeitsteilige Gruppenarbeit auf. Hierfür eignet sich das Set aufgrund der großen Auswahl an Experimenten ganz besonders. So können die Gruppen interessen- oder fähigkeitsdifferenziert eingeteilt werden und verschiedene Experimente bearbeiten. Vorteilhaft ist in dieser Variante eine Verknüpfung mit der Methode des Gruppenpuzzles. An die arbeitsteilige Gruppenarbeit anschließend können neue Gruppen gebildet werden, wobei jeder neuen Gruppe mindestens ein Experte für eines der durchgeführten Experimente zugeteilt wird. In einem Rundgang stellen die Experten dann den Aufbau, die Schwierigkeiten bei der Durchführung, die Ergebnisse etc. ihres Experiments den restlichen Gruppenmitgliedern vor. Idealerweise haben die Lernenden dann thematische Kenntnisse sowohl in der Tiefe (als Experte) als auch in der Breite (als Zuhörer) erworben. Eine andere Möglichkeit der Präsentation besteht darin, dass die einzelnen Gruppen ihre Experimente gemeinsam im Plenum vorstellen. Dazu stellt das Set durch die magnetische Befestigung auf einer Unterlage einen Vorteil dar, da so das Experiment durch Aufstellen der Unterlage (zum Beispiel ein Whiteboard) für alle Schülerinnen und Schüler sichtbar gemacht werden kann.

Weiter kann bei einer Nutzung der Experimente über mehrere Unterrichtsstunden hinaus als positiv betrachtet werden, dass aufgrund dieser Befestigung die Versuche zum Stundenende einfach beiseite gestellt werden können
und in der nächsten Stunde nicht erneut aufgebaut werden müssen. Dies
kommt besonders dem Unterricht in Einzelstunden des kurzen 45-Minuten-
Taktes zugute.

Eine dritte Möglichkeit zur Einbindung des Sets im Unterricht kann in
Form von Stationenlernen stattfinden. Der Vorbereitungsaufwand ist hier
ähnlich hoch wie bei der arbeitsteiligen Gruppenarbeit. Der Zeitaufwand
fällt jedoch erheblicher aus, da die Experimentierphasen in der Regel länger
dauern als die Präsentationsphasen. In dieser Variante wird ein wesentlich
größerer Schwerpunkt auf dem Erwerb experimenteller Kompetenzen ge-
legt, dafür entfällt hingegen das Üben der Präsentationskompetenz. Diese
Form verwirklicht selbstgesteuertes Lernen in hohem Maße, was durch die
vielfältigen Differenzierungsmöglichkeiten dieses Sets (s. u.) ermöglicht wird.
In einer abschließenden Diskussionsphase können dann Vor- und Nachteile, Schwierigkeiten bei der Durchführung, Optimierungsvorschläge etc. der
einzelnen Aufbauten diskutiert werden.

Eine noch höhere Stufe selbstregulierten Lernens bietet eine Variante, die
auf freiem, problemorientiertem Experimentieren beruht. Dabei wird zunächst
im Plenum ein Problem durch die Lehrkraft aufgezeigt, welches es zum
Beispiel bis zum Ende der Einheit zu lösen gilt. Die Schülerinnen und
Schüler können sich dann ähnlich dem Stationenlernen, jedoch eher explo-
rativ und wesentlich weniger geleitet, anhand der Experimente diesem Ziel
selbstständig nähern. Auch für diese Variante bietet das entwickelte Set
aufgrund der hohen Gestaltungsfreiheit im Aufbau der Versuche vielseitige
Lernmöglichkeiten.

Es bietet sich bei der Verwendung des Sets zusätzlich die Möglichkeit der
Kombination mit digitalen Medien, wodurch neben dem Lernerfolg auch ei-
ne höhere Motivation der Schülerinnen und Schüler erreicht werden kann.
Diese Möglichkeit bietet sich einerseits direkt in der quantitativen Auswer-

tung des Jamin-Interferometers über eine Videoaufnahme, andererseits indirekt in der Aufnahme von Beugungsmustern an Spalt und Gitter und der nachfolgenden Vermessung über geeignete Computerprogramme wie zum Beispiel *ImageJ*. Eine weitere Art der Einbindung digitaler Medien kann über die Kombination mit *GeoGebra* in Form einer Verknüpfung der Experimente mit den theoretischen Grundlagen geschehen. Erb (2017) hat in seinem Buch *Optik mit GeoGebra* zu den Bereichen Beugung (S. 81ff.) und Interferenz an dünnen Schichten (S. 132ff.) schon umfangreiche Modelle ausgearbeitet und analysiert. Diese Modelle können als Bindeglied zwischen Theorie und experimenteller Praxis dienen.

Abgesehen vom alltäglichen Unterricht bietet sich durch das Set auch eine Untersuchung in Form einer Facharbeit an. Das Jamin-Interferometer beispielsweise liefert sowohl qualitative als auch quantitative Ergebnisse, die sich systematisch auswerten lassen. Ein Vergleich verschiedener Auswertungsvarianten (klassisch auf dem Schirm/mit Unterstützung des Smartphones) bietet sich ebenfalls an. Dazu übersteigen die Anforderungen der Mathematik in der Theorie nicht die Fähigkeiten, die am Ende der Sekundarstufe I vorhanden sein sollen. Somit kann zum Beispiel eine systematische Untersuchung des Jamin-Interferometers mit dem Ziel der Bestimmung der Lichtwellenlänge als praktisch-experimentelles Facharbeitsthema dienen.

8.3.2   Differenzierungsvielfalt

In diesem Abschnitt werden nun die in den vorangegangenen Kapiteln erwähnten Differenzierungsmöglichkeiten des Sets erläutert.

Zunächst seien die Differenzierungsmöglichkeiten innerhalb der Experimente betrachtet. So können der Aufbau und die Justage einiger Experimente durch Hinzunahme der Positionsvorlagen wesentlich erleichtert werden. Ehrgeizige Schülerinnen und Schüler mit hoher experimenteller Kompetenz können hingegen auf diese verzichten. Weiter kann durch den Umfang der schriftlichen Hilfestellungen zu einem Versuch massiv differenziert werden.

Auf sehr hohem Niveau könnte beispielsweise nur ein Bild eines fertigen Aufbaus gegeben werden oder das recherchieren des Aufbaus im Internet gefordert werden; eine Stufe darunter wäre eine schematische Skizze mit Bezeichnungen der Instrumente möglich; auf mittlerem Niveau eine Skizze mit Anleitung zum Aufbau und auf dem Niveau hoher Unterstützung könnten zur Anleitung noch Tipps gegeben werden, wie man häufigen Fehlern oder Problemen bei Aufbau und Justage aus dem Weg geht. Eine dritte Differenzierungsmöglichkeit besteht in der Wahl der Aufgaben zu einem konkreten Experiment. Es kann zum Beispiel gefordert werden ein Experiment nur qualitativ oder auch quantitativ durchzuführen. Durch den eigenen Anspruch an die Qualität des Interferenzmusters wird insbesondere die Selbstdifferenzierung der Schülerinnen und Schüler ermöglicht. Denn es ist verhältnismäßig leicht, ein Interferenzmuster zu erhalten, jedoch erfordert es meist einen höheren Aufwand in Aufbau und Justage dieses so zu optimieren, dass das Muster besonders klar wird.

Dank der Vielfalt des Experimentiersets kann auch durch die Wahl der Experimente gut differenziert werden. Wie in Abschnitt 6 herausgestellt wurde, unterscheiden sich die Durchführungen der Experimente in ihrer Schwierigkeit so sehr, dass damit ein stark heterogenes Spektrum an Lernenden abgedeckt werden kann. Dadurch können die individuellen Fähigkeiten der Schülerinnen und Schüler je nach methodischer Einbindung selbst oder durch die Lehrkraft berücksichtigt werden.

8.3.3 Weitere Lernmöglichkeiten

In Ergänzung zur Analyse aus Sicht des Lehrplans und der Untersuchung experimenteller Funktionen werden nun noch besondere Lernmöglichkeiten des Sets herausgestellt, welche sich nicht in die Raster jener Betrachtungen einordnen ließen.

Ein großer Mehrwert des Sets liegt in der Vielfalt der Experimente. Wird es in arbeitsteiliger Gruppenarbeit mit anschließender Diskussion, durch Stationenlernen oder durch freies problemorientiertes Lernen eingesetzt, haben die Schülerinnen und Schüler die Möglichkeit auf viele verschiedene Weisen das Phänomen der Interferenz und das Konzept der Wellennatur des Lichts zu verstehen. Gerade diese Vielfalt kann ein tiefgehendes Konzeptverständnis anstelle einer reinen Verknüpfung eines Phänomens mit einem Experiment schaffen.

Präsentationskompetenzen werden im Physikunterricht häufig nur sehr einseitig durch theoretische Referate gefördert. Das entwickelte Set ermöglicht hingegen durch geeigneten methodischen Einsatz (s. o.) eine Förderung dieser Kompetenz anhand der Vorstellung und Erklärung von Experimenten. Auch die Bewertungskompetenzen in Bezug auf die praktische Durchführung von Versuchen können bei anschließenden Diskussionen vertieft werden.

Da die Experimente den meisten Einsatzformen nach in Gruppenarbeit durchgeführt werden, wird zusätzlich die soziale Kompetenz der Schülerinnen und Schüler gefördert. Bei der Fehlersuche im Falle des Misslingens und insbesondere bei der quantitativen Durchführung des Experiments zum Jamin-Interferometer ist kooperative Teamarbeit sogar unerlässlich, sodass durch die wechselseitige Abhängigkeit der Lernenden diese Kompetenz ganz besonders gestärkt wird.

Auch die Freiheit, die das Set im Aufbau der Experimente lässt, kommt den Lernenden zugute. So werden dadurch bei geeignetem Einsatz selbstständiges Experimentieren und Kreativität in besonderem Maße gefördert, wie es im Physikunterricht der Sekundarstufe II außerhalb der Mechanik nicht häufig der Fall ist. Insbesondere die Empfindlichkeit der Interferometer fordert ein Vorgehen sehr hoher Genauigkeit bei Durchführung und Justage, was auch nicht viele Schülerexperimente der Oberstufe von den Lernenden abverlangen. Gerade diese Faktoren der Selbstständigkeit und des außergewöhnlichen praktischen Anspruchs können für Schülerinnen und Schüler im hohen jugendlichen Alter stark motivierend wirken.

8.4 Ausgearbeitetes Beispiel: Experimente zu Beugung und Interferenz in arbeitsteiliger Gruppenarbeit mit anschließenden Vorträgen in rotierenden Kleingruppen

In diesem Abschnitt werden zu einer konkreten methodischen Einbindung exemplarisch entwickelte Unterrichtsmaterialien vorgestellt und anschließend analysiert. Damit soll eine Brücke geschlagen werden zwischen den bereits vorgestellten theoretischen Einbindungsmöglichkeiten und dem praktisch untersuchten Set, sodass ein umfassendes Bild von dem Potential des Sets entstehen kann. Dabei ist in jedem Fall darauf hinzuweisen, dass diese Materialien nur eine von vielen Möglichkeiten der praktischen Ausarbeitung darstellen. Sie beruhen auf dem Einsatz in einer fiktiven Lerngruppe und bedürfen in der praktischen Anwendung womöglich einer Anpassung an die reale Lerngruppe.

8.4.1 Einbindung in den Kontext

Die fiktive Lerngruppe besteht aus einem Physikkurs der Qualifikationsphase mit 22 Schülerinnen und Schülern. Für die Ausarbeitung der Unterrichtsmaterialien wird als methodische Einbindung eine arbeitsteilige Gruppenarbeit mit anschließender Präsentation in neu gemischten Gruppen gewählt. Es stehen folgende vier Themen zur Auswahl, welchen sich die Lernenden nach Interesse zuordnen können:

Analyse von Interferometern

Bestimmung der Lichtwellenlänge

Erforschung der Beugung am Spalt

Bestimmung der Speicherkapazität einer CD

Dem Kurs stehen fünf Experimentiersets zur Verfügung, sodass ein Thema doppelt belegt werden kann und die Gruppen eine Stärke von mindestens vier Lernenden aufweisen. Je nach Wahl der Schülerinnen und Schüler können auch nur vier Gruppen gebildet werden. Für jedes Thema existieren nach Schwierigkeit und Selbstständigkeit differenzierte Arbeitsblätter (A: viel Unterstützung, B: wenig Unterstützung), die im nächsten Abschnitt vorgestellt werden. In Absprache mit den Gruppenmitgliedern teilt die Lehrkraft eine der beiden Varianten an alle Gruppenmitglieder aus, sodass die gesamte Gruppe die gleiche Niveaustufe bearbeitet.

Nach der Bearbeitung der Materialien werden vier neue Gruppen gebildet, sodass in jeder Gruppe mindestens ein Experte für eines der Themen ist. In einem Rundgang stellen die Experten den anderen Gruppenmitgliedern dann die durchgeführten Experimente und ihre Erkenntnisse vor.

Zeitlich sind für die Gruppenarbeitsphase etwa 90 Minuten, für die Präsentation etwa 30 Minuten eingeplant, wobei diese Werte stark von der Lerngruppe und den gegebenen Taktungen der Unterrichtsstunden abhängen.

Inhaltlich sind den Schülerinnen und Schülern schon die theoretische Herleitung der Beugung am Gitter und die Gittergleichung sowie die Funktionsweise von Interferometern bekannt. Eine Sicherheitseinweisung bezüglich des Umgangs mit Lasern ist vorausgegangen.

8.4.2 Vorstellung der Materialien

Die ausgearbeiteten Materialien sind im Anhang auf den Seiten 131ff. einzusehen. Hier wird nur eine kurze Zusammenfassung vorgestellt.

In der **Analyse von Interferometern** sollen die Lernenden das Michelson- und entweder das Sagnac- oder das Mach-Zehnder-Interferometer aufbauen. Bleibt genügend Zeit, bauen sie alle drei Interferometer auf. Ziel ist es, die Interferometer hinsichtlich der Komplexität der Justage und der Stabilität bezüglich äußerer Einflüsse zu vergleichen. In Zusatzaufgaben können die Schülerinnen und Schüler weiterführende Themen kennenlernen wie den Einfluss der Temperatur auf den Brechungsindex, die Frage der Energieerhaltung bei destruktiver Interferenz oder die Phasenverschiebung bei Reflexion.

Die **Bestimmung der Lichtwellenlänge** geschieht über das Jamin-Interferometer und das Vorgehen, welches in der Theorie (3.2.4) beschrieben und in der Praxis (6.2.4) getestet wurde. Die Theorie wird vorgegeben und auf eine rein anschauliche Erklärung reduziert, wobei die Formel zur Berechnung nur vorgegeben und nicht mathematisch hergeleitet wird. Die Lernenden können frei wählen, ob sie den Versuch klassisch oder über ein Smartphone auswerten. Als Zusatz können sie praktisch die jeweils andere Methode probieren und einen Vergleich anstellen oder die Erscheinung diskutieren, dass mehrere Punkte auf dem Schirm erscheinen.

Nachdem den Schülerinnen und Schülern schon die Beugung am Gitter aus der Theorie bekannt ist, können sie auch die **Beugung am Spalt erforschen**. Durch das Arbeitsblatt werden sie systematisch an ein experimentelles Vorgehen herangeführt, welches zum Ziel hat, die Gleichung für die Lage der Minima zu entwickeln. In Zusatzaufgaben kann die Formel anhand einer Proberechnung zur Spaltbreite überprüft oder eine Verbindung zur Beugung am Gitter hergestellt werden.

Die **Bestimmung der Speicherkapazität einer CD** erfolgt ebenfalls über Beugung, indem die CD als Transmissionsgitter verwendet wird. Die Lernenden bestimmen über die Messung der Gitterkonstanten und die Ausmaße der beschriebenen Fläche die Länge der Spur. Über die vorgegebene Information, wie groß der Abtastbereich für einen Bit ist, kann die Speicherkapazität ermittelt werden. Wie beim Jamin-Interferometer wird auch hier die benötigte Theorie anschaulich vorgegeben. In einer Zusatzaufgabe können die Schülerinnen und Schüler die Übertragbarkeit des Experiments auf eine Blue-ray Disc diskutieren.

In den A-Varianten der Arbeitsblätter werden die Lernenden Schritt für Schritt durch die Gruppenarbeitsphase geführt. Zu vielen Aufgaben sind Hinweise dargeboten, die bei Schwierigkeiten Abhilfe schaffen können. In den B-Varianten wird hingegen mehr Selbstständigkeit gefordert und ein höheres Wissens- sowie Kompetenzniveau vorausgesetzt. Dies äußert sich dadurch, dass häufig keine Anleitungen zum Aufbau des Experiments vorgegeben oder mehrere Teilaufgaben der A-Variante in einer Gesamtaufgabe zusammengefasst werden. Auch in der B-Variante werden Hinweise gegeben, jedoch sind diese am Ende gesammelt und nicht direkt bei den zugehörigen Aufgaben aufgelistet.

8.4.3   Zugeschnittene didaktische Analyse

Eine ausführliche und umfassende didaktische Analyse der ausgearbeiteten Materialien würde an dieser Stelle keinen großen Mehrwert bringen, da die Arbeitsblätter nur ein Beispiel darstellen sollen, wie das Set konkret eingesetzt werden kann. Daher wird in der folgenden Analyse nur auf Punkte eingegangen, die durch das entwickelte Set in besonderem Maße ermöglicht werden können.

Die Materialien unterscheiden sich stark in ihren inhaltlichen Schwerpunkten sowie den praktischen Tätigkeiten. In der Analyse der Interferometer überwiegt ganz klar die praktisch-experimentelle Arbeit der Schülerinnen und Schüler, explizite Mathematik wird gar nicht benötigt. Die Bestimmung der Lichtwellenlänge über das Jamin-Interferometer beinhaltet eine experimentelle Ausführung theoretischer Vorüberlegungen und fördert die grundlegende Kompetenz genaue quantitative Messungen durchzuführen. Während der Untersuchung der Beugung am Einzelspalt lernen die Schülerinnen und Schüler hingegen ein generisches Vorgehen kennen, wie sich aus experimentellen Befunden physikalische Gesetzmäßigkeiten herleiten lassen, die mathematisch ausformuliert werden können. Die Bestimmung der Speicherkapazität einer CD greift wiederum einen anwendungsbezogenen Aspekt der physikalischen Grundbildung auf. Einerseits lernen die Schülerinnen und

Schüler die Funktionsweise eines Alltagsgegenstands kennen, andererseits erfahren sie, wie physikalische Vorgehensweisen zu technischen Analysezwecken verwendet werden können. Die praktisch-experimentelle Arbeit ist in diesem Thema eher untergeordnet.

Die A- und B-Varianten ermöglichen darüber hinaus eine Anpassung des Schwierigkeitsgrades der Aufgaben an die individuelle Leistungsfähigkeit der Lernenden. Besonders ist hierbei, dass die Differenzierung über den Grad der Engführung und der Selbstständigkeit stattfindet. Die Ziele der Aufgaben sind bei beiden Varianten dieselben. Daraus folgt, dass unabhängig von der Wahl der Variante die gleiche inhaltliche Bandbreite bearbeitet wird, was beim Stellen einer schriftlichen Leistungsüberprüfung der Lehrkraft einen Vorteil bietet. Eine Variation findet nur in der Verarbeitungstiefe statt.

Zusätzlich zu diesen äußeren Differenzierungsmöglichkeiten bieten die Materialien auch Möglichkeiten zur Differenzierung durch die Schülerin oder den Schüler selbst. Alle Aufgaben sind ohne die Hinweise zu lösen. Treten dennoch Probleme auf, können diese zur Hilfe herangezogen werden. So wird es den Lernenden ermöglicht nah an ihrer eigenen Grenze zwischen Über- und Unterforderung zu arbeiten, was sich besonders positiv auf die Motivation und die Lernleistung auswirkt. Gleiches gilt für die Verwendung der Positionsvorlagen, denn auch hier haben die Schülerinnen und Schüler freie Wahl. Die Zusatzaufgaben setzen auf dieser Ebene zeitlich an. Motivierte, schnell arbeitende Gruppen haben dadurch die Möglichkeit interessante, weiterführende Inhalte kennenzulernen oder das behandelte Thema zu vertiefen. Die Unterrichtszeit kann so optimal ausgenutzt werden.

Durch diese beträchtliche Vielfalt der Materialien können einerseits die heterogenen Interessen der Lerngruppe gut bedient werden, andererseits wird so (eventuell durch eine Zuweisung der Lehrkraft) eine individuelle Förderung nach verschiedenen Inhalten und Kompetenzen ermöglicht.

Alle Materialien erfordern von den Schülerinnen und Schülern zu Beginn eine experimentelle Tätigkeit, die den Aufbau des jeweiligen Experiments einschließt. Erst danach wird ein eventueller Theorieabschnitt eingeschoben, auf den dann wieder experimentelle Praxis folgt. Durch diese Einbettung soll einerseits die Verbindung von Theorie und Praxis erleichtert werden, da die theoretischen Erklärungen bereits mit praktischen Vorerfahrungen verknüpft werden können. Andererseits besitzt diese Anordnung das Potential die Motivation der Lernenden zu fördern, da durch die experimentelle Phase Fragen und Interesse für das Thema ausgebildet werden, was bei einem erklärenden Theorieabschnitt zur Einleitung weniger der Fall wäre.

Das vorgestellte Beispiel umfasst sechs der acht mit diesem Set möglichen Aufbauten. Eine Unterbringung des Experiments zur Interferenz an dünnen Schichten oder des Fresnel-Doppelspiegels scheint in diesem methodischen Rahmen nicht notwendig, da bereits für eine große thematische Vielfalt gesorgt ist und dies eventuell den zeitlichen Rahmen strapazieren würde. Dennoch böten sich gewisse thematische Anknüpfungspunkte an. So könnte beispielsweise die Dünnschichtinterferenz als Analogieexperiment zur Auslesung der CD eingesetzt werden und dieses Themengebiet ergänzen. Der Fresnel-Doppelspiegel hingegen könnte bezüglich des Zusammenhangs zwischen Abstand der Maxima und Winkel zwischen den Spiegeln untersucht werden. Die praktische Vorgehensweise würde an die der Untersuchung des Einzelspalts anknüpfen und könnte hier als Erweiterung auf andere Instrumente eingebunden werden.

9 Zusammenfassung und Ausblick

Es war das Ziel dieser Arbeit ein Set an Instrumenten zu entwickeln, mit dem Schülerinnen und Schüler Experimente zur optischen Interferenz durchführen können. Dieses Set sollte durch die 3D-Druck-Technik für Lehrkräfte nachbaubar sein und eine kostengünstige Alternative zu herkömmlichen Experimenten darstellen.

Anhand einer Lehrplananalyse stellte sich heraus, dass ein solches Experimentierset sowohl inhaltlich als auch auf Ebene der Kompetenzen eine hohe Relevanz für Grund- und Leistungskurse der Qualifikationsphase hat. Die daraufhin hergestellten Instrumente wurden einzeln und im Zusammenspiel als Experiment untersucht. Es ergab sich, dass die Instrumente und Experimente in großem Umfang den zuvor aufgestellten technischen und didaktischen Kriterien entsprechen. Im theoretischen Vergleich mit herkömmlichen Instrumenten und Experimenten stellte sich unter anderem heraus, dass das entwickelte Set wesentlich kostengünstiger als jene ist. In der Betrachtung der unterrichtlichen Einsatzmöglichkeiten zeigte sich das Set sowohl auf großer methodischer als auch auf konkreter Ebene als besonders vielfältig mit umfangreichen Differenzierungsmöglichkeiten. Die Entwicklung der 3D-Druck-Technik und der zunehmende Einsatz in Schulen machen deutlich, dass der Eigenbau eines solchen Sets durch Lehrkräfte mit der Zeit noch weiter erleichtert wird.

Die Ergebnisse dieser breit gefächerten Analysen bescheinigen dem selbst entwickelten Set also ein besonders hohes Potential. Das Ziel der Arbeit kann daher als erreicht angesehen werden.

Aus vielen Punkten dieser Arbeit ergeben sich weitere Fragen und Ideen, sowohl auf einer größeren, allgemeinen Ebene, als auch direkt in konkretem Bezug. Dabei soll der Ausblick sich vom Speziellen zum Allgemeinen bewegen.

© Springer Fachmedien Wiesbaden GmbH, ein Teil von Springer Nature 2020
P. Schürmann, *Experimente zur optischen Interferenz aus dem 3D-Drucker*,
BestMasters, https://doi.org/10.1007/978-3-658-28894-5_9

Es wurde bereits thematisiert, dass die Entwicklung eines beweglichen Spiegels für das Michelson-Interferometer im Rahmen dieser Arbeit nicht gelang. Prinzipiell steht einem solchen Instrument jedoch nichts im Wege, sodass weitere Forschung zu einer Realisierung führen kann. Eventuell lässt sich durch weitere Entwicklung eine Drehbarkeit des Michelson-Interferometers erreichen, sodass das historisch besonders bedeutsame Experiment von Michelson und Morley auch real durchgeführt werden kann und nicht nur anhand des Interferometers theoretisch behandelt wird. Das Mach-Zehnder-Interferometer könnte durch weitere Instrumente, die Polarisationsfilter enthalten, ergänzt werden und könnte dadurch zusätzliche Themenbereiche experimentell abdecken. Auch das Jamin-Interferometer könnte optimiert werden. Da durch die Transmission des Strahls an der Rückseite der Plexiglasscheibe ein Großteil der Intensität verloren geht, ist das Interferenzmuster bei geringer Abdunklung des Raumes nur schwer erkennbar. Durch das Anbringen einer Spiegelfolie lässt sich die Sichtbarkeit bestimmt erhöhen. Auch das Problem der nur ungenau zu bestimmenden realen Drehachse kann eventuell durch weitere Entwicklung behoben werden. So wären stabilere Arme oder eine dünner gedruckte instrumentelle Achse mögliche Lösungsansätze.

Das Instrument zur Untersuchung der Interferenz an dünnen Schichten bietet auch noch großes Entwicklungspotential. Einerseits kann es auf Experimente zur Interferenz gleicher Neigung erweitert werden, andererseits könnten mit einem modifizierten Instrument quantitative Messungen durchgeführt oder Materialprüfungen simuliert werden. Der Einzelspalt könnte dahingehend optimiert werden, dass störende Kanten der Filamentschichten, die das Interferenzmuster negativ beeinflussen, beseitigt werden. Die bisherigen Versuche beruhen alle auf der Interferenz monochromatischen Lichts. Eine Erweiterung auf weißes Licht könnte zusätzliche inhaltliche Bereiche abdecken.

Auf didaktischer Ebene bietet sich eine Ausarbeitung der angesprochenen Simulationen mit *GeoGebra* an. So könnte parallel zum experimentellen Set ein ebenfalls frei verfügbares Simulationsset entwickelt werden, das genau auf das reale Set abgestimmt ist. Ein sinnvoll abgestimmter, kombinierter

Einsatz beider Sets wäre dann voraussichtlich sehr ertragreich für die Lernenden.

In Bezug auf die Praxistauglichkeit des entwickelten Sets ist anzumerken, dass dieses bisher auf theoretischer und experimenteller Ebene untersucht wurde. Ein praktischer Vergleich des Sets mit herkömmlichen Experimenten könnte die bisher nur vermuteten Vor- bzw. Nachteile empirisch bestärken oder widerlegen. Als wichtigster Punkt in Bezug auf die Praxistauglichkeit wäre jedoch zu nennen, dass eine reale Testung des Sets im Unterricht noch aussteht. Beide Untersuchungen würden in Kombination mit den in dieser Arbeit durchgeführten Analysen eine ganzheitliche Bewertung des Sets erlauben.

Der Zugang zu den Dateien für den eigenen Nachbau wird im nachfolgenden Abschnitt auf Seite 127 beschrieben.

Zugang zu den Dateien für den Nachbau

Alle in dieser Arbeit vorgestellten Instrumente können wie in Kapitel 5 beschrieben durch Lehrkräfte selbst nachgebaut werden. Die dazu notwendigen Dateien für den 3D-Drucker stehen in der Materialdatenbank *physikkommunizieren.de* des Instituts für Didaktik der Physik der Westfälischen Wilhelms-Universität Münster unter CC-BY-NC-Lizenz zum Download bereit: http://physikkommunizieren.de/3d-druck/interferometer-aus-dem-3d -drucker/.

© Springer Fachmedien Wiesbaden GmbH, ein Teil von Springer Nature 2020
P. Schürmann, *Experimente zur optischen Interferenz aus dem 3D-Drucker*,
BestMasters, https://doi.org/10.1007/978-3-658-28894-5